工业和信息化职业教育"十二五"规划教材立项项目

中 等 职 业 教 育 规 划 教 材

职校生职业道德与文明行为养成

Vocational Ethics & Civilized Behavior

余飞 ■ 主 编

陈建 季勇 沙树明 ■ 副主编

U0649507

人民邮电出版社

北 京

图书在版编目（CIP）数据

职校生职业道德与文明行为养成 / 余飞主编. -- 北京：人民邮电出版社，2015.1
中等职业教育规划教材
ISBN 978-7-115-36738-9

Ⅰ. ①职… Ⅱ. ①余… Ⅲ. ①职业道德－中等专业学校－教材 Ⅳ. ①B822.9

中国版本图书馆CIP数据核字(2014)第256861号

内 容 提 要

本书旨在提高中职学生职业道德意识、培养职业行为习惯、增强通用职业能力。全书共七章，主要内容包括职业道德概述、职业道德基本要求以及文明行为与职业道德修养的养成与训练。全书内容精练，案例丰富、新颖，对于培养职校生的现代文明人文素养，使学生真正成为文明行者，有着很强的现实指导性和长远的导行功能。

本书可作为中等职业学校职业道德课程的教材，也可作为相关从业人员的参考书。

♦ 主　　编　余　飞
　　副主编　陈　建　季　勇　沙树明
　　责任编辑　刘盛平
　　责任印制　杨林杰

♦ 人民邮电出版社出版发行　　北京市丰台区成寿寺路 11 号
　　邮编　100164　　电子邮件　315@ptpress.com.cn
　　网址　http://www.ptpress.com.cn
　　三河市潮河印业有限公司印刷

♦ 开本：787×1092　1/16
　　印张：9.25　　　　　　　　　2015 年 1 月第 1 版
　　字数：198 千字　　　　　　　2015 年 1 月河北第 1 次印刷

定价：29.80 元
读者服务热线：(010)81055256　印装质量热线：(010)81055316
反盗版热线：(010)81055315

本书编写委员会

主　编　余　飞

副主编　陈　建　季　勇　沙树明

编　委　张劲松　唐晓云　周卫东　管琳璘

前　言

　　梁启超云："道德者，行也，而非言也。"判断一个人道德品质的高低，不能看他说了什么，而是看他做了什么。

　　职业道德行为是指从业者在一定的职业道德认知、情感、意志和信念的支配下所采取的自觉活动。职业道德行为养成有四大作用：一是提高综合素质，全方面培养会有助于自己人生的成功。二是促进事业的发展，无论事业、学业、生活过程中出现什么困难，都应该有克服困难的勇气和不断进步的进取心。三是实现人生的价值，人生是否有价值，看个人在某种程度上满足自身和自己所依存的社会这两个方面的条件。"现实是此岸，理想是彼岸，中间隔着湍急的河流，行动是架在山川上的桥梁。"四是抵制不正之风，对自己严格要求，不是自己劳动所得坚决不要。

　　对于职校的学生来说，职校学习时期是职校生从心理幼稚走向成熟的过渡时期，是他们的个性人格趋于定型的时期，也是他们职业道德与文明行为养成的最佳时期、关键时期。当下社会在很多人眼中是个功利社会，怎样才能让我们的孩子远离功利，回归本真呢？就是要对他们进行系统的全方位的职业道德与文明行为养成的教育，使他们成为具有良好职业道德品质、文明行为习惯的职校生。

　　职业道德修养的养成对个人的职业生涯至关重要，在学习生活中，要注重行为规范训练，养成良好的行为习惯。要加强职业道德修养，提高职业道德素质，要坚持参加各种实践，在实践中培养良好的职业道德行为，形成高尚的职业道德。

　　由于编者水平有限，书中难免存在不足之处，敬请广大读者批评指正。

编　者

2014年7月

目 录

第一章

职业道德概述

　　良好的职业修养是每一个优秀员工必备的素质，良好的职业道德是每一个员工都必须具备的基本品质，这两点是企业对员工最基本的规范和要求，同时也是每个员工担负起自己的工作责任必备的素质。

第一节　道德概述

在日常生活中我们经常会听到人们谈论道德问题，例如，说不遵守公共秩序的人"不讲道德"，说破坏公物的人"不道德"，说损人利己、损公肥私的人"缺德"。实际上，凡是有人群的地方都有道德问题存在，人们的思想和行为都反映一定的道德观念和道德水平，人人皆与道德有关，只是有自觉或不自觉的区别而已。那么，究竟什么是道德呢？

一、道德的含义

道德是以善恶评价为标准，依靠社会舆论、传统习俗和人的内心信念的力量来调整人们之间相互关系的行为规范的总和。做有德之人、行有德之事、积有德之功是"以人为本"的体现，符合当今建设和谐社会的要求。道德贯穿于社会生活的各个方面，如社会公德、婚姻家庭道德、职业道德。它通过确立一定的善恶标准和行为准则，来约束人们的相互关系和个人行为，调节社会关系，并与法律一起对社会生活的正常秩序起保障作用。道德是对人的社会性的自我约束和心理约束意识，有时专指道德品质或道德行为。不同的社会可以有不同的道德标准，但是任何一个社会的道德标准都是以维护社会的正常运转秩序为目的。对道德的维护，实际上就是对人的社会性的维护。需要从宗教、教育、社会和谐等多方面来考虑。

道德的三层含义：

首先，一个社会的道德的性质、内容，是由社会生产方式、经济关系决定的；有什么样的生产方式、经济关系，就有什么样的道德体系。

其次，道德是以善与恶、好与坏、偏私与公正等作为标准来调整人们之间的行为的。

最后，道德不是由专门的机构来制定和强制实施的，而是依靠社会舆论和人们的信念、传统、习惯和教育的力量来调节的。

【案例】

2002 年国庆节十天长假过后，天安门广场留下了十几万口香糖的痕迹，平均每块方砖粘有十几块口香糖，对此，环卫部门先后设计了三套清洗方案，皆因怕损坏方砖而放弃，最后仍然采用人工铲除的方法，上百名环卫工人用了整整一个星期才将口香糖痕迹清除。吃口香糖本来是为了提升口腔健康，可是，天安门广场却因此没有了"文明"。你对此如何看待？

分析：

① 社会公德是一个人应该遵守的最起码的道德准则。

② 维护天安门广场的文明不仅是对一个人的道德要求，也是一个人和一个民族良好道德修养的体现。

③ 维护天安门广场的文明也是一个人爱国主义的具体体现。

二、道德的特征和功能

1. 道德的特征

① 道德是以善恶为评价方式把握现实世界的。马克思说过，在把握世界的过程中，我们通常从科学上、道德上以及艺术上把握。在这三种方式中，道德上把握就是识别善恶。

② 道德不依靠国家强制力来执行、实施，而是依靠人们的观念，社会的舆论和善良风俗来维持。强制力的不同，源于保证其实施的力量相差异。

③ 道德在调节个人与他人、个人与社会集体之间的利益关系的时候，不像其他的社会规范那样强调人们的个人利益，而是强调他人的利益和社会集体的利益。

2. 道德的功能

① 道德的调节功能：具有通过评价等方式来指导和纠正人们的行为和活动，以协调人们之间关系的能力。

② 道德的教育功能：道德能通过评价和鼓励等方式，造成社会舆论、形成社会风尚、树立道德观念、塑造理性人格，培养人们的道德品质和道德观念。

③ 道德的认识功能：道德反映在自己的特殊对象——个人同他人、社会的利益关系中，反映的结果表现为道德标准、道德理想等。

三、道德的作用及作用方式

道德主要具有以下社会作用：

① 社会的主体道德对经济基础的形成、巩固和发展有巨大的推动作用；

② 先进道德对于发展科学技术和社会生产力有促进作用；

③ 道德在阶级社会中是阶级斗争的重要工具；

④ 道德对于调整人际关系，维护正常的社会秩序具有重要作用。

道德对社会生活的作用方式是非强制性的，是以"教化"为手段，以人们内心对道德内容的认同或部分认同为前提的，即使是社会舆论所形成的外部压力也不具有强制性。这是道德作用方式的特征。

（1）道德通过道德舆论的褒扬和贬斥来引导人们的社会行为

舆论即"公意""众人的议论"（《辞海》）。社会舆论是流行于社会成员之间的对各种社会现象和问题的看法和议论。

【案例】

33 岁的苏某某最近经常失眠。他入睡不久就梦见有人落水呼救，接着是在半夜猛然醒来。苏某某的同事王某某也有非常类似的情况。他们失眠的原因是目击到惨剧最初发生的一瞬，他们曾电话报警，但错过了拯救三名少女的最佳时机。事后，他们因此遭到舆论、伦理和内心的多重拷问。

一、夜幕中的惨剧

2006年4月1日晚，在某某水电站，苏某某和王某某刚刚下班。宿舍在十多公里外的某某镇上，公司为晚上下班的工人安排面包车接送。和苏某某、王某某一起返回镇上的，还有另外两名同事，开车的司机姓陈。从水电站到旁边的苦坑山，再翻过盘山路，半个小时他们就可以回到某某镇。时间接近晚上11点，面包车开出了水电站大门。与此同时，3辆摩托车正在从某某镇方向沿着狭窄的山路向苦坑山上行驶。摩托车上搭载了3名少女苏小某、苏某、王某和6名男青年，他们刚一起饮完茶。6名男青年中，除了同族的远亲苏某某之外，苏小某只见过其中两人。行进中，苏小某发现摩托车往一个名叫"苦坑"的地方开去，而不是回家的路，她逐渐感到了一丝不祥。到了山顶上，3辆摩托车突然停下。3名女孩儿有些害怕，本能地背靠山崖站到了一起。黑暗中，几个男孩开始了罪恶的行动……

两道灯光突然从山路的拐弯处刺破了黑暗，电厂的面包车这时驶上了山顶。激烈的撕扯猛然停顿，苏小某突然反应过来，她拼命喊着"救命"，跌跌撞撞地朝灯光跑去。"看到车灯就觉得有救了"，苏小某后来回忆，她当时以为噩梦就要结束，"车上的人会救我们的"。面包车在苏小某面前刹车停下，昏昏欲睡的苏某某一个激灵。他回忆说："我们一开始都以为遇上抢劫了。"灯光照射下，苏某某才看清车前跑来一个衣衫不整的女孩儿，脸上满是惊恐。面包车的车门被人撞得发出沉闷的响声。苏某某忙隔着玻璃看，又是一个披头散发的女孩儿，双手扒住车门，嘴里在不住地哭喊。那是从地上爬起来的苏某，她像抓住救命稻草一样扑上去死命地抓住了车门。经过一些犹豫后面包车还是开走了，再也没停下来。

"那时候我脑子里真的一片空白。"4月23日晚上，苏某某坐在宿舍的床上说。他只记得，车子开动的时候，他关上了右侧的车窗，双眼一直看着前方，不敢回头。面包车开动时，苏某还在大声哭喊，苏小某已经被摁在了路边的浅沟里。面包车加速离去，灯光逐渐模糊，周围又陷入一片黑暗。苏小某事后告诉记者，她觉得原本突然而至的希望也在渐渐熄灭，她嗓子突然哑了，一句话也喊不出来。

救援迟迟未到，虽然此后苏某某等人报警了，但据警察解释，4月1日当晚接到报警之后，值班警察立即出警，巡查一个多小时但没有发现任何异常情况，所以回到了所里。事件发展到少女愤而跳崖，三名少女一死二伤。

二、舆论的谴责

从4月4日起，当地的报纸开始登载相关报道。在报道中，当地县纪委王副书记表示，要调查电站职工"涉嫌见死不救"的行为；而市总工会和市妇联相关负责人也表示"谴责有关涉嫌见死不救的行为"，要求当地县有关方面进行调查处理。

"那天晚上我们几个可能都没睡着，第二天见了面，大家都有心事"，苏某某说，"心里始终不好受"。让苏某某更加不好受的是同事们的议论，电站里年长的工人们公开在食堂里指责他们，"年轻人就是惜命怕事，那天换成几个老人，绝对下车把小孩救了"。听说了同事的指责，苏某某难受得几天没去食堂。

心里憋闷的王某某把事情的经过告诉了妻子，"我们报警了"，他仿佛强调。他希望能听到妻子的意见，但妻子什么都没说。王某某告诉记者，他觉得心里更加空荡荡的了。

分析：本案例真实而具体地体现了道德的作用形式、道德功能和社会作用。苏某某等人见死不救，导致舆论的谴责，其良心也不安，他们在舆论压力下，人际交往都受到了道德制裁，使得他们进一步认识到自身的错误；从我国目前法律来看，苏某某等人见死不救是违反道德的行为，要受到道德的谴责，但不需要承担法律责任。"

（2）道德通过传统习惯的力量来规范人们的行为

传统习惯是一定社会、一定民族在长期的共同生活中形成的、习以为常的社会行为习惯和道德行为方式。

（3）道德通过人们的内心信念发挥作用

道德的内心信念是指人们对某种道德思想观念和道德准则规范的正义性、正确性的认定以及对实现相应道德义务的强烈责任感。

【案例】

家在重庆南川的马某某，出生仅3天母亲就离家出走，12岁时父亲病逝，一贫如洗的家里只剩下他和78岁的爷爷相依为命。17岁的马某某好不容易考上了学杂费、食宿费全免的"宏志班"，80多岁的爷爷却意外摔伤，从此卧病在床。马某某背起爷爷去上学，用微薄的生活费在学校附近租了一间木棚房，一边读书一边照顾爷爷。由于房间很潮湿，爷爷的风湿病一受寒就会发作，几乎每天晚上，马某某都要为爷爷暖被窝。一次，邻居阿姨给他几个鸡蛋，他担心爷爷不吃，就把鸡蛋蒸成鸡蛋羹悄悄地埋在爷爷饭里给爷爷吃，自己却一棵白菜吃上两三天。读书期间，为给爷爷治病，他一直坚持在学校饭堂打工。

马某某没有因为照顾爷爷耽误学习，他成绩优异，表现突出。2006年3月，还在读高三的马某某获得了由团中央、全国学联评选的中国中学生正泰品学奖特别奖，在200多名候选人中得票最高。其实马某某对这些都不那么在意，他甚至很少看报纸和网络对他的报道。他说："作为学生，我希望自己在一个平静的学习环境中，扎扎实实搞好学习，以优异的成绩和过硬的本领，回报社会特别是无数给予我太多关爱的人。这既是我最大的心愿，也是爷爷对我的期盼。"

案例中，良好的道德促使马某某不断完善和推动自我的发展。他无论条件多么艰苦，都把爷爷照顾好，而且学习成绩优异，受到社会各界的关爱和帮助。他对社会的关爱和帮助念念不忘，立志将来回报社会。对长辈的孝顺之情和对社会感恩的心将不断鞭策着他走向成功。

所以，良好的道德有助于提高人的精神境界、促进人的自我完善、推动人的全面发展；良好的道德是人生幸福和事业成功的重要支柱。

第二节　职业与职业道德

一、职业道德的形成与发展

职业道德是随着社会分工的出现而形成和发展起来的，是同职业联系在一起的。所谓职业，就是人们由于社会分工和生产内部的劳动分工而长期从事的具有专门业务和特定职责，并以此作为主要生活来源的社会生活。因此，职业是一种以社会分工和劳动分工为纽带的社会形式和社会关系，是伴随劳动分工的深化而产生和发展起来的。长期从事某种职业的人由于生活在同样的职业环境中，有着共同的劳动方式、活动条件，受过相同的职业训练，往往使他们产生相同的职业兴趣、职业情操，形成了特殊的职业风格和作风、特殊的职业责任心、职业荣誉感和职业纪律，以维护本职业的信誉和尊严。例如，做官要讲"官德"，执教要讲"师德"，行医要有"医德"，经商要有"商德"。在这种实践和认识的基础上，逐渐建立了职业人员都应该遵守的职业道德规范。各行各业的从业者都有与本行业和岗位的社会地位、功能、权利和义务相一致的道德准则和行为规范，并要求从业者遵守，这就是职业道德。

由此可见，职业分工的产生和发展，使职业道德的形成有了需要和可能，而各种职业的特殊活动和人们对此认识的不断深化又使得职业道德规范化和具

体化。

我国传统的职业道德，大体分为官德、医德、师德、武德、士德、民德、商德和艺德八大类。这些职业道德在各自的行业中形成，并在实践中不断地变化与发展，一直沿用至今。

职业道德是社会发展到一定历史阶段的产物，是随着社会分工的产生和发展而逐渐形成的，伴随着社会分工的需要产生的各种职业是职业道德产生的必要条件，而各种职业利益和职业关系的相互关联性则是职业道德形成的充分条件。这是因为社会分工和不同行业的发展使得人们的各种社会联系日益紧密，职业利益和职业关系日趋复杂化，为了有效地调整社会运行机制中的职业利益和职业关系，有必要对人们所承担的职业责任和义务进行规范，职业道德应运而生。随着社会经济关系的不断发展和变化，职业实践活动的规模和方式也在不断发生变化和变革，职业关系也开始出现许多新的特点，并对职业道德提出了新的要求，进而推动着职业道德的不断发展。

职业道德作为一种社会现象，它的发展源远流长。随着人类社会分工的发展，职业道德也经历了一个萌芽、形成和不断完善的历史过程。它的发展表现在两个方面：一是随着社会生产力的发展，社会分工越来越细，职业种类不断增加，职业道德的类型也不断增加；二是每一种职业随着社会生产方式和职业活动方式的变化，在继承传统因素的基础上，不断增加新内容，不断丰富发展，以反映职业关系中的新内容、新特点、新要求。

二、职业道德的丰富内涵

1. 职业

职业，简单地说，就是人们为了满足社会生产、生活需要，所从事的承担特定社会责任，具有某种专门业务活动的、相对稳定的工作。

职业三个方面的含义：

① 职业是人们谋生的手段和方式；

② 通过职业劳动使自己的体力、智力和技能水平不断得到发展和完善；

③ 通过自己的职业劳动，履行对社会和他人的责任，承担特定社会责任

是职业的本质。

这表明，职业是责任、权力和利益的有机统一。

2. 职业道德

职业道德是从事一定职业的人们在职业活动中应该遵循的，依靠社会舆论、传统习惯和内心信念来维持的行为规范的总和。它调节从业人员与服务对象、从业人员之间、从业人员与职业之间的关系。

职业道德行为的定义包含下面两方面含义：

① 职业道德行为必须是基于对他人、对社会利益的自觉认识而表现出来的行为，没有这种自觉的认识，就不能构成道德行为；

② 职业道德行为必须是从业者根据自己的意志所做出的抉择。

由此可见，职业道德行为是有意义、有目的的行为，也是从业者道德意识内容的外化、客观化的过程。在这个过程中，道德意识就是从业人员道德行为发生的内部原因，表现从业人员的愿望、动机、情感、意志、信念、理想等因素的作用和相互关系，这些就构成从业人员的职业道德行为的内部结构。

三、职业道德的基本要素

职业道德的基本要素包含职业理想、职业态度、职业义务、职业纪律、职业良心、职业荣誉和职业作风。

（1）职业理想

职业理想是人们对职业活动目标的追求和向往，是人们的世界观、人生观、价值观在职业活动中的集中体现。它是形成职业态度的基础，是实现职业目标的精神动力。

（2）职业态度

职业态度是人们在一定社会环境的影响下，通过职业活动和自身体验所形成的、对岗位工作的一种相对稳定的劳动态度和心理倾向。它是从业者精神境界、职业道德素质和劳动态度的重要体现。

（3）职业义务

职业义务是人们在职业活动中自觉地履行对他人、社会应尽的职业责任。我

国的每一个从业者都有维护国家、集体利益、为人民服务的职业义务。

（4）职业纪律

职业纪律是从业者在岗位工作中必须遵守的规章、制度、条例等职业行为规范。如国家公务员必须廉洁奉公、甘当公仆；公安、司法人员必须秉公执法、铁面无私。这些规定和纪律要求，是从业者做好本职工作的必要条件。

（5）职业良心

职业良心是从业者在履行职业义务中所形成的对职业责任的自觉意识和自我评价活动。人们所从事的职业和岗位不同，其职业良心的表现形式也往往不同。如商业人员的良心是"诚实无欺"，医生的职业良心是"治病救人"，从业人员能做到这些，良心就会得到安宁，反之，内心则会产生不安和愧疚感。

（6）职业荣誉

职业荣誉是社会对从业者职业道德活动的价值所做出的褒奖和肯定评价，以及从业者在主观认识上对自己职业道德活动的一种自尊、自爱的荣辱意向。当一个从业者职业行为的社会价值赢得社会公认时，就会由此产生荣誉感；反之，就会产生耻辱感。

（7）职业作风

职业作风是从业者在职业活动中表现的相对稳定的工作态度和职业风范。从业者在职业岗位中表现的尽职尽责、诚实守信、奋力拼搏、艰苦奋斗的作风等，都属于职业作风。职业作风是一种无形的精神力量，对其所从事事业的成功具有重要作用。

四、职业道德的特征

职业道德属于道德，是具有自身职业特征的道德准则和规范。一般来说，职业道德的特点体现如下。

1. 专业性

职业道德同各种职业活动相联系，具有范围上的专业性和对象上的特殊性。职业道德是调整职业活动中各种关系的行为规范，所以它和人们的职业活动紧密相连，是职业活动过程中形成的特殊道德关系的反映，是对行为进行道德调节的专门领域，它只适用于特定范围的从业人员，而且只适用于从业人员在职业活动中的具体行为。所以，从事不同职业的人有不同的职业道德准则。

2. 实践性

职业道德更能突出道德的实践性。这有两层含义：一是精神上的，旨在追求人们内在精神世界的高尚和完善；一是实用性的，旨在维护正常的社会经济生活秩序。因为职业道德总是与具体的职业活动紧密联系，要对人们职业活动中的具体行为进行规范，更偏重于实用性而不是精神性，实用性使得职业道德容易形成条文，有的甚至被纳入法律规范。例如，英国的伦敦股票市场推出了"金融时报道德指数"，对于以往那种一心只想赚钱、不顾社会影响的公司将无缘进入道德体系评价系统。像烟草、核能、武器等赢利丰厚但道德素质不高的公司都将被排除在道德指数之外。此道德指数推出后，投向那些有社会责任的公司的资金增长四倍以上。正是由于职业道德总是与具体的职业活动紧密联系，因而具有较强的实践性。

3. 继承性

职业道德作为社会意识形态是由社会经济关系决定的，随着社会经济关系的变化而改变。但是由于职业道德具有强烈的职业特点，使得它在内容上与职业活动的特征紧密联系。即使在不同的社会经济发展阶段，同一种职业会有大体一致的服务对象、服务手段、职业活动内容、活动方式、职业利益、职业责任和义务。对职业行为的客观要求也大体相同，并且被世代继承和延续，形成了比较稳定的职业道德规范，如医生的救死扶伤、教师的为人师表，都是公认的世代延续的职业道德准则。因此，职业行为的道德要求的核心内容被继承和发扬，从而形成了被不同社会发展阶段普遍认同的职业道德规范。

4. 多样性

职业道德形式明确而具体，具有多样性和适用性的特征。职业各种各样，

人们要在各自的职业活动中表现各自特殊的道德风貌，不同的职业道德体现职业道德的多样性。为了使从业人员易懂、易记、易操练，从业人员就在职业实践中概括提炼出一些具体而明确的道德要求，这些职业道德规范通过规章制度、条规条约、标语口号、公约守则、誓言条例、乡规民约等简明实用、生动活泼的方式表现出来，俾众周知，作为人们必须遵守的道德准则，用以教育和约束本职业的从业人员。如中共中央印发的《公民道德建设实施纲要》提出的"爱国守法，明礼诚信，团结友善，勤俭自强，敬业奉献"的基本道德规范。

五、职业道德的具体功能及作用

1. 职业道德具体功能

职业道德具有导向功能、规范功能、整合功能和激励功能。

（1）导向功能

导向功能是指职业道德具有引导职业活动方向的效用。表现在以下三个方面：

① 确立正确的职业理想，使企业和从业人员提高社会责任感，坚持社会文明前进的方向。

② 根据企事业发展战略和经营理念，引导企事业和从业人员集中智慧和力量，促进企事业健康发展，推动从业人员取得事业成功。

③ 通过职业道德基本要求，引导从业人员的职业行为符合企业发展的具体要求，确保从业人员岗位活动不出偏差。

（2）规范功能

规范功能是指职业道德具有促进职业活动规范化和标准化的效用。表现在以下两个方面：

① 通过岗位责任的总体规定，使从业人员明白职业活动的基本要求。

② 通过具体的操作规程和违规处罚规则，让从业人员了解职业行为底线，不越"雷池"，避免受处罚。

（3）整合功能

整合功能是指企业通过职业道德核心理念对企业内部不同部门、不同个体之间进行调节，起到凝聚人心、协调统一的效用。表现在以下三个方面：

①通过企业目标吸引员工的注意力、促进组织凝聚力。

②通过企业价值理念调整内部利益关系，弘扬精神的力量，最大限度地消除分歧，化解内部矛盾。

③通过硬性要求，增强威慑力，抑制投机、"越轨"心理，以有效消除偏离正常轨道的思想和行为。

（4）激励功能

激励功能是指职业道德能够激发从业人员产生内在动力的效用。激励功能可以通过以下途径来实现：

①通过教育引导，帮助从业人员树立崇高的职业理想。

②通过榜样、典型的示范，提供鲜活、明确、具有感召力的行为坐标参照系。

③通过考评奖惩机制。

2. 职业道德的社会作用

职业道德是社会道德体系的重要组成部分，它一方面具有社会道德的一般作用，另一方面它又具有自身的特殊作用，具体表现在以下几方面。

（1）调节职业交往中从业人员内部以及从业人员与服务对象间的关系

职业道德的基本职能是调节职能。它一方面可以调节从业人员内部的关系，即运用职业道德规范约束职业内部人员的行为，促进职业内部人员的团结与合作。如职业道德规范要求各行各业的从业人员，都要团结、互助、爱岗、敬业、齐心协力地为发展本行业、本职业服务。另一方面，职业道德又可以调节从业人员和服务对象之间的关系。如职业道德规定了制造产品的工人要怎样对用户负责；营销人员怎样对顾客负责；医生怎样对病人负责；教师怎样对学生负责。

（2）有助于维护和提高本行业的信誉

一个行业、一个企业的信誉，也就是它们的形象、信用和声誉，是指企业及其产品与服务在社会公众中的信任程度，提高企业的信誉主要靠产品的

质量和服务质量，而从业人员职业道德水平高是产品质量和服务质量的有效保证。若从业人员职业道德水平不高，很难生产出优质的产品和提供优质的服务。

（3）促进本行业的发展

行业、企业的发展有赖于好的经济效益，而好的经济效益源于高的员工素质。员工素质主要包含知识、能力、责任心三个方面，其中责任心是最重要的。而职业道德水平高的从业人员其责任心是极强的，因此，职业道德能促进本行业的发展。

（4）有助于提高全社会的道德水平

职业道德是整个社会道德的主要内容。职业道德一方面涉及每个从业者如何对待职业，如何对待工作，同时也是一个从业人员的生活态度、价值观念的表现；是一个人的道德意识、道德行为发展的成熟阶段，具有较强的稳定性和连续性。另一方面，职业道德也是一个职业集体，甚至一个行业全体人员的行为表现，如果每个行业、每个职业集体都具备优良的道德，对整个社会道德水平的提高肯定会发挥重要作用。

第三节　社会主义职业道德

社会主义职业道德，是社会主义道德在各种职业生活中的特殊表现，它反映了道德调节在各种具体职业生活中的特殊内容和特殊要求。

社会主义职业道德除了具备一般职业道德的共同特点外，还具备自身的一些特点。

（1）拓新性

社会主义职业道德是建立在社会主义经济和政治制度上的一种新的社会意识形态。在人类历史上，一切道德体系的兴衰，归根到底是根源于经济关系状况。

当旧的社会经济关系日益腐朽，新的社会主义经济关系日益形成的时候，旧的社会道德关系也随之日益衰败，新的社会道德关系便随之兴起。社会主义职业道德根植于社会主义的经济关系中，同历史上一切职业道德相比，是建立在崭新社会经济和政治制度上的崭新的社会意识形态。

（2）科学性

社会主义职业道德是以马克思主义科学世界观为指导思想的职业道德。旧的职业道德，总是以当时的社会伦理、思想、观点为指导，并在一定程度上包含了人们对职业活动某些规律性的认识，并随着社会经济关系的变化不断进步。由于受不合理劳动分工带来的某些道德心理因素制约，以及职业生活中一些特殊习惯、传统风俗的影响，因而它们从总体上还没有形成科学规范的体系。而以马克思主义科学世界观和伦理学理论为指导思想自觉建立起来的社会主义职业道德，是具有科学性和先进性的职业道德。特别是以邓小平理论为指导思想的职业道德，继承了人类长期形成的优良职业道德传统，并注入了符合时代精神的思想内涵，使集体主义原则和全心全意为人民服务的职业道德灵魂越来越深入、越来越具体地体现在各种职业道德中。

（3）理论和实践的统一性

社会主义职业道德具有理论和实践的统一性，内容具有人民性，形成发展具有灌输性。职业道德是一种实践化的道德，它为道德的理论与实践、理想与现实的结合提供了一种有效的具体形态。由于在社会主义条件下，三者的利益一致，使社会主义职业道德的行为调节方向是以谋求全社会利益为基础的，是符合广大人民利益的，所以社会主义职业道德的内容具有人民性的特点。同时，在社会主义职业道德的形成和发展过程中，必须强调马克思主义、毛泽东思想、邓小平理论、"三个代表"和科学发展观的指导，强调社会主义道德教育，必须进行科学的理论灌输，从而形成良好的职业道德氛围。

（4）继承性

社会主义职业道德与传统的职业道德之间具有必然的联系，因而具有继承性。社会主义制度的建立，为职业道德的发展开创了新的天地，但是，一些传统民族文化势必对人们的生活带来影响，其中可能有精华，也可能有糟粕。因此，在继承传统的职业道德的时候，我们应当做出选择：取其精华，

弃其糟粕。

（5）协作性

社会主义职业道德具有各行各业相协作的特点。在社会主义社会，人民的根本利益是一致的，无论哪种职业，都是在为人民服务，都是为建设具有中国特色的社会主义做贡献。各行各业之间相互服务，相互提供条件，体现"我为人人，人人为我"的精神，体现社会主义社会人与人之间平等、协作的关系。

一、社会主义职业道德的核心

为人民服务是职业道德的核心，这是因为：

1. 为人民服务既符合历史唯物主义的基本观点，也符合社会主义生产目的

历史唯物主义告诉我们，人民群众是历史的创造者，是物质财富和精神财富的创造者。因此，理应成为享有财富的主人，也应接受优质服务。社会各行各业所生产的财富就是为满足人民群众日益增长的物质文化需求。为人民服务作为职业道德建设的核心，是社会主义职业道德区别和优越于其他社会形态职业道德的显著标志。

2. 为人民服务体现了社会主义"我为人人，人人为我"的人际关系的本质

在我国，每个公民不论社会分工如何、能力大小，都能够在本职岗位上通过不同形式做到为人民服务。这是每个从业人员职业行为的出发点。与此同时，每个从业人员都在相互服务的情况下生活着，人人都是服务对象，人人又都在为他人服务。

3. 为人民服务贯穿于职业道德的各条基本规范中

中共中央《关于加强社会主义精神文明建设若干重要问题的决议》中指出："大力倡导爱岗敬业、诚实守信、办事公道、服务群众、奉献社会的职业道德。"这其中无不体现着为人民服务的要求，是为人民服务的道德要求在职业生活中的具体化，是把为人民服务的精神贯穿于职业生活。

二、社会主义职业道德的基本原则

集体主义是一种先公后私、公私兼顾的思想，是坚持集体利益高于个人利益、兼顾集体利益与个人利益的价值观念和行为准则。

职业道德的基本原则是国家利益、集体利益、个人利益相结合的集体主义。坚持这样的原则，最重要的是摆正国家利益、集体利益和个人利益的关系。

1. 坚持集体利益高于个人利益、全局利益高于局部利益

要把集体主义渗入社会生产和生活的各个层面，引导人民正确认识和处理国家、集体、个人的利益关系，提倡个人利益服从集体利益、局部利益服从整体利益、当前利益服从长远利益，反对小团体主义、本位主义和损公肥私，把个人的理想与奋斗融入广大人民的共同理想和奋斗之中。

2. 兼顾集体利益和个人利益，使之共同发展

《公民道德建设实施纲要》明确指出："坚持尊重个人合法权益与承担社会责任相统一。要保障公民依法享有政治、经济、文化、社会活动等各方面的民主权利，鼓励人们通过诚实劳动和合法经营获取正当物质利益。引导每个公民自觉履行宪法和法律规定的各项义务，积极承担自己应尽的社会责任。把权利与义务结合起来，树立把国家和人民利益放在首位而又充分尊重公民个人合法利益的社会主义义利观。"

3. 坚持集体主义，反对极端个人主义，抵制行业不正之风

在市场经济条件下，只有坚持集体主义，才能妥善处理各种利益关系，最大限度地调动各个方面的积极性。在现阶段，坚持集体主义必须旗帜鲜明地反对拜金主义、享乐主义，反对以权谋私、假冒伪劣，反对腐朽的生活方式；坚持集体主义，还必须坚决抵制行业不正之风。

三、社会主义职业道德建设的主要内容

2001年中共中央颁布的《公民道德建设实施纲要》中明确提出要大力倡导以

爱岗敬业、诚实守信、办事公道、服务群众、奉献社会为主要内容的职业道德，这就确定了职业道德基本规范就是这20个字。

1. 爱岗敬业

爱岗敬业是职业道德的基础，是社会主义职业道德所倡导的首要规范。爱岗敬业就是对自己的工作要专心、认真、负责任，为实现职业上的奋斗目标而不懈努力。从业者要充分认识到自己所从事职业的社会价值，认识到职业没有高低贵贱之分，都是为人民服务。职业的分工本质上是人民有组织地自己做自己的事，人们热爱自己的岗位，敬重自己的职业，做到干一行、爱一行、专一行。

2. 诚实守信

诚实守信是做人的基本准则，也是职业道德的精髓。这是指从业者说实话、办实事、不说谎、不欺诈、守信用、表里如一、言行一致的优良品质。诚实就是实事求是地待人做事，不弄虚作假。守信就是讲信用、重信誉、信守诺言，不搞坑蒙欺诈，不搞假冒伪劣。诚实守信要做到既有高质量的产品，又有高质量的服务，还要严格遵纪守法。只有这样，才能取信于民，从而获得良好的社会效益和经济效益。

3. 办事公道

办事公道是指从业人员廉洁公正，不仅自己清正廉洁，办事公正，不以权谋私，还要秉公执法，做到出于公心，主持公道，不偏不倚，客观公正，公平公开。既不唯上、不唯权，又不唯情、不唯利。

4. 服务群众

服务群众是指从业人员在职业活动中要全心全意为人民服务。为人民服务是职业的灵魂，在服务过程中要做到热心、耐心、虚心、真心，一切从群众的利益出发，听取群众意见，了解群众需要，端正服务态度，改进服务措施，为群众排忧解难，为群众出谋划策，提高服务质量。

5. 奉献社会

奉献社会是职业道德的出发点和归宿。奉献社会就是要履行对社会、对他人的义务，自觉、努力地为社会、为他人做出贡献。当社会利益与局部利益、个人利益发生冲突时，要求每一个从业人员把社会利益放在首位，毫不犹豫地牺牲个人利益，服从集体利益和国家利益，必要时甚至献出自己的生命。

第二章

爱岗敬业　吃苦耐劳

　　爱岗敬业、吃苦耐劳是对人们工作态度和职业操守的一种普遍要求。爱岗就是热爱自己的工作岗位，热爱本职工作；敬业就是用一种严肃的态度对待自己的工作，勤勤恳恳、兢兢业业、忠于职守、尽职尽责。爱岗敬业必然要求吃苦耐劳，只有吃苦耐劳才能真正做到爱岗敬业。一个人，一旦热爱自己的岗位、敬重自己的职业，不怕苦不怕累，他的身心就会与自己所从事的工作紧密结合在一起，就能在平凡的岗位上做出不平凡的事业。

第一节 爱岗敬业

【案例】

　　小陈在一家快运公司负责递送快件，时间一久，他开始厌倦自己的工作。经理建议他换一种方式——用"心"去工作，与客户分享快乐。

　　他把一些格言、祝福语、笑话、天气预报等写在纸条上，贴在快件上，客户接过快件时看到这些纸条，都格外高兴，由衷地对他表示感谢，而他自己也从中感爱到了工作的乐趣。

　　分析：小陈用"心"去工作，感悟到了快乐，乐业是一种升华的爱岗敬业态度。

一、爱岗敬业的含义

　　爱岗就是热爱自己的工作岗位，热爱本职工作，亦称热爱本职。爱岗是对人们工作态度的一种普遍要求。热爱本职，就是职业工作者以正确的态度对待各种职业劳动，努力培养热爱自己所从事的工作的幸福感、荣誉感。一个人一旦爱上了自己的职业，他的身心就会融合在职业工作中，就能在平凡的岗位上做出不平凡的事业。

　　对一种职业是否热爱，是个人对职业的兴趣问题。有兴趣就容易产生爱的感情，没有兴趣就谈不上爱。但每一个岗位都要有人去干，缺一不可。

　　敬业就是用一种严肃的态度对待自己的工作，勤勤恳恳、兢兢业业，忠于职守，尽职尽责。我国古代思想家就提倡敬业精神，孔子称为"执事敬"，朱熹解释

敬业为"专心致志，以事其业"。

现实生活中，爱岗敬业包含下面四层含义：

（1）乐业

热爱并热心从事的职业，快乐工作。现代社会实行"双向选择，自主择业"的用人制度，许多毕业生往往强调根据自己的专业、兴趣寻找工作，即"爱一行，干一行"。乐业，要求我们对所从事的工作培养起浓厚的职业兴趣，激发出强烈的崇敬感和自豪感，树立起神圣的事业心和责任心，保持乐观向上的工作态度。乐业，还要求我们在职业实践中体味和享受职业之乐。

著名学者梁启超说："乐业即是趣味。"只有对职业有了浓厚的兴趣，才能不畏职业中的艰难困苦，倾力而为，从而获得成功。这是一个最简单的推理，同时也是一个颠扑不破的真理，正如孔子所说："知之者不如好之者，好之者不如乐之者。"

【阅读材料】

达尔文家境不错，但他对学校里传授的东西天生反感，教育效果甚微，为此父亲和老师一致认为他的智力低于正常人水平，但他对野外流浪生活倒是情有独钟，打猎、溜狗、逮耗子，可以在辽阔的乡间泡上好几个小时。随着年纪的增长，达尔文爱好闲逛的特性变本加厉。父亲为了让他能干点正经事，先是把他送进格拉斯哥大学学医，但刚过几个月达尔文就不干了，于是又把他转往剑桥大学学习教师方面的课程。正是在剑桥，达尔文幸运遇到了开明的汉斯罗教授，后者经常让他去野外采集标本和昆虫，达尔文终于找对了路，与生俱来的兴趣与崇高的人生目标结合了起来，成就一番事业的激情开始在他心头激荡，一下子变得既勤奋又富有活力，他高兴地向父亲表示决心献身于大自然的研究。大学刚毕业，达尔文就参加了一项政府组织的探险考察活动，在浩渺的南太平洋地区进行长达5年的科学研究，收集了大量动植物标本，发现很多科学研究的线索，终于创立了进化论。

达尔文的事例表明了兴趣和职业的吻合，但在现实生活中，由于受种种限制二者经常错位，即所从事的职业并非自己的兴趣所在，此时该怎么办？

（2）勤业

忠于职守，认真负责，刻苦勤奋，不懈努力。勤业要求我们有忠于职守的工作责任心、认真负责的工作态度和刻苦勤奋的工作精神。忠诚、认真、勤奋是成功的金科玉律，敷衍、马虎、懒惰是成功的最大威胁。现代职业劳动者不仅要"爱一行，干一行"，还要"干一行，爱一行"，但这不是要求人们终身只能"干一行，爱一行"，也不排斥人的全面发展。它要求工作者通过本职活动，在一定程度上和范围内做到全面发展，不断增长知识，增长才干，努力成为多面手。大庆的新一代"铁人"王启民，三十年如一日，先后主持了八项重大开发试验。每一项试验往往都要经历数年时间，要收集成千上万个数据，做了无数次的实验，反反复复地经受挫折，终于为国家做出了重大贡献。

【小故事】

全国劳动模范杨佳

全国劳动模范每5年评选一次，是中央人民政府授予劳动者的最高荣誉。2010年4月27日，长沙妹子杨佳被授予"全国劳动模范"光荣称号，她和来自全国各行各业的2115名全国劳动模范、870名全国先进工作者一起，受到了党和国家领导人的亲切接见。

是什么样的工作业绩，让杨佳能够以一名超市普通员工的身份在众多优秀工作者中脱颖而出，当选为全国劳动模范？她在平凡的工作岗位上，留下了怎样不寻常的轨迹？

笨鸟变成领头羊

2000年7月，18岁的杨佳从长沙市商业学校毕业，进入长沙家润多超市朝阳店担任收银员。杨佳刚干上收银员的时候，由于业务不熟，收银速度慢，经常因为收银技能考核不过关而被收银课长留下来"开小灶"，参加强化训练。杨佳第一次上岗，看着收银通道顾客排着的长队不由得心里有点发慌。此后，每逢超市营业高峰期间，一见收银台前"卡"着一长溜等待付款的顾客就紧张不已，手忙脚乱，顾客颇有意见。在一些同事的眼中，她甚至被认为是一只"笨鸟"。

一件小事刺激了她。一个大热天，一位顾客买了一支冰淇淋，由于杨佳收银速度慢而队伍又太长，轮到他结账时冰淇淋已经融化了，一滴一滴往下掉。杨佳感到过意不去，主动提出给他换一支，却被婉言谢绝。顾客开玩笑说：下次买冰淇淋，可别让我再等到融化哦。

这件小事对杨佳触动很大。杨佳暗下决心，一定要提高自己的收银速度。收银环节无非是录入条码、敲击键盘、商品装袋、点钞找零，要提高速度，最关键的是要提高数据录入和点钞找零的速度。

杨佳决定先从点钞速度下手。此后工作再忙再累，她一直坚持每日苦练，每天练习时间不少于两小时。下班后主动留下来练习，每天随身携带练习钞，见缝插针地练习，吃完饭就练，看电视时也练，甚至睡觉前坐在床上还要练几次，被她练坏的练习钞不计其数。为了练习花样点钞，她双手的指纹几乎磨没了，双手常被拉上一道道的血印。

在超市，别人下班了，她却还在"转悠"，熟悉每件商品的条码扫描位置，以便一接到商品就能迅速找到条码；为了能准确辨别真钞与假钞，有效保护企业利益，杨佳常拿着真币与假币仔细看，反复对比，反复摸，一摸就是几个小时。现在，只要将一张钞票给她，她一摸便可以辨明真伪。

不久，杨佳的点钞速度明显提高，超过身边许多姐妹，由一名新手迅速成长为收银专业技术骨干，令同事刮目相看。

打破技能极限：1分50秒录入50个13位数的编码

收银的速度是以秒为单位计算的，因此一秒钟的进步，都要付出艰辛的努力。

为了实现收银时的"快、准、好"和成为一名优秀的收银员，杨佳积极参加公司组织的旨在提高收银速度和服务水平的每一次培训。经过勤学苦练，杨佳摸索出了许多切实有效的录入操作技巧与商品打包技巧，技能终于有了很大程度的提高。

2002年、2003年、2004年，杨佳连续三年蝉联职工职业技能大赛第一名，就这样，她从一只毫不起眼的"笨鸟"脱胎换骨，成为公司的一名"技能标兵"和"业务能手"。

2003年湖南家润多超市有限公司举行年度技能比武，杨佳以13秒6的成绩打破和刷新了公司上年度15秒的点钞纪录，并以点备用金48秒的速度再次刷新最佳成绩。

2005年，22岁的杨佳代表湖南省参加首届全国"银联杯"商业服务业收银员职业技能大赛。总决赛中她一鸣惊人，和"快、准、好"的竞技成绩，和无可争议的高超技能摘取总冠军桂冠，成为了全国商业服务业收银员第一快手，也是银联收银员大赛的第一位冠军。2005年10月20日，经国家劳动和社会保障部特批，杨佳成为了全国第一位收银高级技师。

在平凡的岗位上做到极致

收银员，是一个很普通的岗位，岗位一般，工作辛苦，收入也低，有很多人不理解也不愿从事这份职业，认为收银员工作是一项简单的工作，谁都能干，无非每天收收付付，收进付出，没啥学问，天天围着柜台转，转来转去没出息。

但杨佳不这么看，她干一行、爱一行、专一行，她把为顾客提供又快又好的服务作为出发点，确立了"最亲和的微笑、最亲情的服务、最快速的收银"的"三最"服务理念。在这种理念支配下，她在平凡的岗位上做到了极致，创造出了不平凡的业绩。

在收银工作中，她录入条码的速度之快，简直令人眼花缭乱，操作键盘时，只见手影不见手指；点钞时的快速与准确更是让人惊叹。她除了熟练掌握了单指单张、一指两张的点钞法以及五指连张的花样点钞法外，还自创了一套"心律点钞法"，根据心律、脉搏跳动的规律和意念，就能准确地点清楚手上的钞票。通常一笔数千元的交易，她只需花几秒钟的时间，快速清点，一次收进，从不要点第二轮，也从未出现过收假钞或收错的情况；装袋更是她的拿手好戏，她自创的"杨氏打包法"，打包速度比平常的打包法要快3倍以上，装袋、打包，动作麻利，业务娴熟。很多顾客反映，杨佳工作时更像是在表演，看她收银，仿佛是在欣赏一种艺术，给人一种享受。

（3）精业

对本职工作业务纯熟，精益求精，尽善尽美，进步创新。精业要求从业者必须不断学习，必须对工作精益求精、追求卓越，不断创新，争创一流。树立"干一行，爱一行，专一行"的理念，要对工作有所热爱，要勤劳踏实地干好本职工作，甚至有的时候要顶住世俗对某些工作的偏见，立足岗位成功、成才，吃苦耐劳，开拓创新。日本丰田汽车在创业之初是靠强有力的销售网络发展起来的，上千名老销售员的敬业精神让其他汽车生产商（如日产公司）等望尘莫及。但是随着时代的进步，汽车性能不断改进，对销售员的素质要求也越来越高，到了20世纪60年代，丰田不断将那些敬业精神堪称楷模的老销售员换下来，将一批受过专门训练的大学生换了上去。因为随着市场经济的不断发展和完善，时代在变化，仅有"乐业"、"勤业"已经不够了，还须做到"精业"。

【小故事】

扬州第一修脚女工

自古扬州三把刀：厨刀、理发刀、修脚刀。陆琴堪称扬州从事修脚行业的"第一女工"。

1988年，生在新疆，长在军营，刚高中毕业的陆琴随父到了扬州，街头的一则招工启事，使她成了浴池里的一名修脚工。在练习修脚功夫时，首先手感要好。陆琴先用竹筷竖着一层层地削，越削刀工越细，削下来的筷子就越薄。一年下来，她削掉的筷子整整有一箩筐。经过刻苦钻研，平刀、片刀、条刀、刮刀、枪刀，各有各的招，刀刀有绝招，陆琴把"修、片、剥、挖、捏"等技巧掌握得相当娴熟。此外，她还学到了如何医治鸡眼、嵌甲、甲沟炎等脚病的方法。

1992年9月15日，首届"全国优秀服务员"评选在北京揭晓，陆琴榜上有名。那一年她才20岁，是最年轻的一位。当时任商业部部长的胡平专门将陆琴请到家里。胡平对她说："修脚师在过去是被人鄙薄的'下等人'，现在则是受社会尊敬的'修脚匠'。一把小小的修脚刀，可以治疗现代医学治不了的疑难脚病，这是一个很有价值的工作。"受到如此礼遇，陆琴深为自己的职业自豪。

2000年6月2日，陆琴应香港著名实业家邵逸夫之邀到邵家，为94岁高龄的邵先生诊治灰指甲，邵逸夫那原本残缺不齐、颜色灰暗的脚趾甲，经陆琴一番修整，变得如婴儿脚趾一般柔软光泽。老先生用手抚摸着自己的脚趾，笑意写满了脸上。

在工作中，陆琴注意到时尚的香港人的手指、脚趾上涂有各种美丽的图案，而自己又具有让畸形趾甲恢复漂亮面目的技艺，于是便产生了学习美甲知识的念头。在香港明星胡慧中指引下，陆琴结识了一个香港的著名美甲师。以后，她就一直进行着美甲方面的探索。一家人的手脚都成了她美甲创作的载体：儿子的手指甲上是各种动物的天地，丈夫的手拢到一块就成了山水组合的"画廊"，小叔子的10个指甲则荟萃了各种京剧脸谱，婆婆的脚上则长满了花花草草。

2001年3月，陆琴参加了江苏省发型化妆大赛首次设立的美甲比赛。最终，她创造的"奥运拥抱北京，北京赢了奥运"为主题的美甲作品，夺得金奖。在随后的北京"2001年中国国际美容美发节"上，这幅新颖别致的美甲作品又摘取了铜奖。

陆琴用自己的行动改变了社会对修脚行业的偏见，她深感自己肩上责任重大，开始寻求把"扬州脚艺"做强做大的方法。首先，她在扬州商业技术学校开设了全国第一个修脚专业，自编教材，开始培养修脚专业人才。然后，陆琴开始走出扬州，发展连锁，在扬州、北京、深圳、南京等地开设了几十家"足艺店"。对于修脚市场，陆琴乐观地认为：全国有13亿人口，即使按1%的比例计算，这个市场也大得做不完。

请思考：

问题一：有人瞧不起修脚工作，认为是低贱的，陆琴怎样看待这项工作？

问题二：除了对修脚的热爱，还有什么使陆琴成为修脚大师？

问题三：生活并不总是一帆风顺，如果有人瞧不起你将来的工作，你会怎么办？

（4）实业

实业是指讲究科学，依靠科学，实事求是，对本职工作一丝不苟，有严格的务实精神。任何一种职业活动，都有它本身所固有的客观规律，认识、掌握、运用职业活动的客观规律并且按照这些客观规律办事，才能事半功倍，取得良好的效果。不遵循客观规律，只凭主观意愿办事，要么"欲速则不达"，要么"南辕北辙"，结果只能是事倍功半，达不到良好的效果。

【小故事】

前日本邮政大臣洗厕所

许多年前，一个妙龄少女来到东京帝国酒店当服务员。这是她涉世之初的第一份工作，也就是说她将在这里正式步入社会，迈出她人生的第一步。因此她很激动，暗下决心：一定要好好干！她想不到：上司安排她洗厕所！

洗厕所！实话实说没有谁干，何况她从未干过粗重的活，细皮嫩肉，喜爱洁净，干得了吗？洗厕所在视觉、嗅觉及体力上都使她难以接受，心理暗示的作用更是使她忍受不了。她用自己白皙细嫩的手拿着抹布伸进马桶时，胃里立即翻江倒海，恶心得几乎呕吐却又呕吐不出来，太难受了。而上司对她的工作质量是要求特，高得吓人：必须把马桶擦洗得光洁如新！

她当然明白光洁如新的含义是什么，她当然知道自己不适应洗厕所这一工作，真的难以实现光洁如新这一高标准的质量要求。因此，她陷入了困惑、苦恼之中，也哭过鼻子。这时，她面临着这人生第一步怎样走下去的抉择：是继续干下去，还是另谋职业？继续干下去——太难了！另谋职业——知难而退？人生之路岂有退堂鼓可打？她不甘心就这样败下阵来，因为她想起了自己初来时曾下过的决心：人生第一步一定要走好，马虎不得！

正在这关键时刻，同单位一位前辈及时出现在她面前，帮她摆脱困惑、苦恼，帮她迈好这人生的第一步，更重要的是帮助她认清了人生路应该如何走。这位长者并没有用空洞的理论去说教，只是亲自做了个样子给她看了一遍。

　　首先，他一遍遍地擦洗着马桶，直到光洁如新。然后，他从马桶里盛了一杯水，一饮而尽喝了下去！竟然毫不勉强。实际行动胜过万语千言，他不用一言一语就告诉了她一个极为朴素、极为简单的真理：光洁如新，要点在于新，新则不脏。因为不会有人认为新马桶脏，所以马桶中的水是可以喝的；反过来讲，只有马桶中的水达到可以喝的程度，才算是把马桶擦得光洁如新了。而这一点已被证明可以办得到。

　　同时，他送给她一个含蓄的、富有深意的微笑，送给她一束关注的、鼓励的目光。这已经够用了，因为她早已激动得几乎不能自持，从身体到灵魂都在震颤。她目瞪口呆，热泪盈眶，恍然大悟，如梦初醒！她痛下决心：就算一生洗厕所，也要做一名洗厕所最出色的人。

　　从此，她成为一个全新的、振奋的人；从此，她的工作质量也达到了这位前辈的高水平，当然她也多次喝过厕所水，为了检验自己的自信心，为了证实自己的工作质量，也为了强化自己的敬业心；从此，她很漂亮地迈好了人生的第一步，从此她踏上了成功之路，开始了她的不断走向成功的人生历程。

　　几十年的光阴一瞬而过，后来她成为日本政坛的明星，担任过政府要员——邮政大臣。她的名字叫野田圣子。

　　野田圣子坚定不移的人生信念，表现为她强烈的敬业心：就算一生洗厕所，也要做一名最出色的人。这一点使她拥有了成功的人生，使她成为幸运的成功者、成功的幸运者。

二、爱岗敬业是必由之路

　　各行业的从业者都应立足本职、脚踏实地、尽职尽责、忠于职守、干一行爱一行专一行，只有这样才能实现职业目标和人生理想，达到为人民服务的目的。

【案例】

　　一个中国留学生在日本东京一家餐馆打工，老板要求洗盆子时要刷6遍。一开始他还能按照要求去做，刷着刷着，发现少刷一遍也挺干净，于是就只刷5遍；后来，发现再少刷一遍还是挺干净，于是又减少了一遍，只刷4遍并暗中留意另一个打工的日本人，发现他还是老老实实刷6遍，速度自然要比自己慢许多，便出于"好心"，悄悄地告诉那个日本人说，可以少刷一遍，看不出来的。谁知那个日本人一听，竟惊讶地说：

"规定要刷6遍，就该刷6遍，怎么能少刷一遍呢？"

如果你是老板，你希望用哪种心态的员工？

分析：用人单位最看重职工"敬业精神"。优秀的企业，尤其是世界五百强企业非常注重实效、注重结果，因此敬业精神是不可或缺的。有了敬业精神，其他素质就相对容易培养了。

中国人力资源开发网曾经发布过一份中国企业员工敬业指数调查报告，报告显示，与其他年龄段的人相比，20世纪80年代后出生的年轻人尽管初入职场，但却表现得并不敬业。中国人力资源开发网培训发展部总监鲍明刚认为，随着企业经营环境的发展和人才市场供求结构的变化，具有更强的承受压力的能力，以及根据现实环境调整自己期望和心态的能力就显得尤为重要。而 "80后"应届毕业生往往没怎么经历过挫折，面临竞争压力时，往往适应能力不足，容易对工作产生失落感和受挫感，因此会让人觉得他们不够敬业。

毕业生要想适应当今的职场环境，就必须具备明确的工作目标和强烈的责任心，带着激情去工作，踏实、有效率地完成自己的本职工作。工作态度很大程度上能够决定一个人的工作成果，有良好的敬业态度才有可能塑造一个值得信赖的形象，获得同事、上司及客户的信任。

① 爱岗敬业是劳动者的必备素质，只有做好本职工作，劳动者才能得到用人单位的青睐。国外一项调查显示：学历资格已不是公司招聘首先考虑的条件，大多数雇主认为，正确的工作态度是公司在雇用员工时最优先考虑的，其次才是职业技能，最后是工作经验。毫无疑问，工作态度已被视为组织遴选人才时的重要标准。

② 爱岗敬业是企业得以正常运转的前提条件，劳动者做好本职工作，才能促使各行各业更好更快地发展。不管我们将来从事什么职业，唯有敬业才能在自己工作的领域里出类拔萃。正确认识自己的工作，了解工作对自己生活的意义和对人生理想的意义，就能更加自觉地学习职业技能，不懈地提高职业素质，积极地履行工作职责，兢兢业业地完成工作任务，从而推动各行各业健康有序地发展。

【小故事】

"蓝领专家"孔祥瑞

孔祥瑞的成长、成才是天津港（集团）有限公司深入实施职工素质工程的成果之一。多年来，天津港坚持"谁出力谁得利，谁创新谁得奖"的竞争分配原则，对实用技术成果和先进工艺的发明者、重大课题攻关主持者给予重奖。天津港制定了《专利工作管理办法》，加大了奖励力度，激发了职工技术创新的热情，使职工的发明创造、申请和应用专利的积极性不断提高。2003年以来，天津港共申请专利110项，授权专利68项。集团公司发放奖励专利项目、科技进步奖、技术创新活动奖300余万元。通过总结推广职工中挖掘出的窍门、绝技、绝招和体现一流的先进操作法，并以创立者的名字命名进行推广。"孔祥瑞星形操作法"、"胡振杰通信电缆公用摸线对号法"被命名天津市职工操作法，同时"刘维杰吊车节油操作法""任庆春梯形甩垛法"等一批先进操作法在天津港的生产中发挥了重要作用。

孔祥瑞在为企业创造经济效益的同时，也使他所在部门的机械设备使用管理跨入同行业全国领先、世界一流的水平。

孔祥瑞认为只要努力钻研、刻苦学习、勇于实践，工人同样有施展才华的空间。他常带着笔记本，上面密密麻麻记录着他发现的问题和解决问题的思路。为尽快掌握从国外引进的设备性能与操作技术，他把有关资料天天装在书包里，有空就背，背完再到设备前对比了解。功夫不负有心人。孔祥瑞对所在岗位的各项设备了如指掌，对操作技术参数烂熟于心，成为有名的"门机大王"和"排障能手"。2000年，他带领队里的技术骨干解决了门机因变幅螺杆与螺母摩擦热量过大而"抱死"的技术难题，直接为公司节约资金180万元；2004年，他还带领科技人员先后完成了翻车机摘钩杆等80多项技术革新。2006年，改进设备电缆，节约维修成本100万元；2007年，攻克"大型机械走行防碰撞装置"难题，创效181余万元，主持研制的"大型机械电缆防出槽技术"获国家实用新型发明专利，并创效990万元。

孙祥瑞具有强烈的责任感和主人翁意识，全身心地投入本职工作中，35年如一日，无怨无悔。如今，身教重于言教的孔祥瑞，不仅自己成为了"蓝领专家"，而且还在天津港集团带出了一批年轻的技术能手，他用自己的成就证明了知识型工人的价值。

③ 爱岗敬业的最高目的是为人民服务，只有做到爱岗敬业，才能担当大任，完成党和国家赋予的崇高使命。只有爱岗敬业的人，才会在自己的工作岗位上勤勤恳恳，不断地钻研学习，一丝不苟，精益求精，才有可能为社会为国家做出崇

高而伟大的奉献。焦裕禄、孔繁森、郑培民等一大批党和人民的好干部都是在本职工作岗位上呕心沥血，勤政为民；2003年当"非典"疫情、自然灾害袭来，一大批平时并不引人注目的医生护士、科研人员、消防官兵和爱心使者挺身而出，冒着生命危险冲上第一线，拯救了一个个在死亡线上挣扎的同胞的生命，有人还为此献出了自己宝贵的生命。爱岗敬业是平凡而伟大的奉献精神。

【小故事】

"敬业奉献"模范

袁隆平院士是我国当代杰出的农业科学家，享誉世界的"杂交水稻之父"。他参加工作50多年以来，不畏艰辛、执著追求、大胆创新、勇攀高峰，所取得的科研成果使我国杂交水稻研究及应用领域领先世界水平，推广应用后不仅解决了中国粮食自给难题，也为世界粮食安全做出了杰出贡献。

袁隆平长期从事杂交水稻育种理论研究和制种技术实践。1964年首先提出培育"不育系、保持系、恢复系"三系法，利用水稻杂种优势的设想并进行科学实验。1970年，与其助手李必湖和冯克珊在海南发现一株花粉败育的雄性不育野生稻，成为突破"三系"配套的关键。 1972年培育出中国第一个大面积应用推广的强优组合"南优二号"，并研究出整套制种技术。1986年提出杂交水稻育种分为"三系法品种间杂种优势利用、两系法亚种间杂种优势利用到一系法远缘杂种优势利用"的战略设想。被同行们誉为"杂交水稻之父"。

许振超，男，山东省青岛港前湾集装箱码头有限责任公司高级固机经理。他参加工作30多年来，以"干就干一流，争就争第一"的精神，立足本职，务实创新，干一行、爱一行、精一行。他自学成才，苦练技术，练就了"一钩准"、"一钩净"、"无声响操作"等绝活，并模范地带出了"王啸飞燕"、"显新穿针"、"刘洋神绳"等一大批具有社会影响的工作品牌。他带领团队按照"泊位、船时、单机"三大效率的标准要求，深入开展比安全质量、比效率、比管理、比作风的"四比"活动，先后6次打破集装箱装卸世界纪录，使"振超效率"令世人赞叹，将"振超精神"名扬四海。"10小时保班"服务品牌为顾客提供了超值服务，吸引了全球各大船运公司纷纷在青岛港上航线、换大船，2006年青岛港集装箱达到770.2万标准箱，位列世界第11强。他积极响应建设节约型社会的号召，按照青岛港"管理挖潜年"的要求，多方试验在冷藏集装箱上加装节电器，仅2005年就节约电费600万元，投资回报率达到60%。自2006年以来，他积极响应国家节能减排的号召，领衔组织实施了轮胎吊"油改电"技术改造，填补了这一技术的国际空白，在全部77台轮胎吊投入使用后，年节约资金3000万元以上，噪声和尾气污染大为降低，接近于零。许振超

坚持青岛港"一心为民，造福职工"的好政策，把员工当成自己的兄弟姐妹，倍加关心爱护，始终把保障下属员工安全作为自己第一位的责任，为员工制作和发放了"安全卡""爱心卡"。他还积极参与社会公益事业，带动同事们为身患骨癌的沂蒙山小姑娘捐款3万元，保证了手术的顺利进行，使小姑娘得以康复。

三、爱岗敬业的基本要求

（1）要正确处理职业理想和理想职业的关系，克服职业偏见，树立正确的职业观

社会主义职业道德所提倡的职业理想是以为人民服务为核心，以集体主义为原则，热爱本职工作，兢兢业业干好本职工作。一个人是否有所作为，不在于他从事何种工作，只要是对社会有益、对人类有益，就有做的价值，就要做到干一行、爱一行、专一行，不能得过且过。任何一个尊重自己事业的人，都会把这种爱表现在自己所从事的工作岗位上。当我们所从事的职业不理想，当我们无法改变自己在工作中的位置时，却可以改变自己对所从事职业、所处位置的情感和态度，从而也使自己拥有一份骄傲的人生。

【小故事】

平凡岗位　不凡风采

杨芝碧同志，女，出生于1967年12月，1986年参加环卫工作，曾先后荣获红花岗区环卫处先进工作者5次，红花岗区城市管理局系统年度先进工作者3次，遵义市红花岗区"十大女杰"，遵义市创建国家文明城市先进个人，"黄果树杯"竞赛活动先进个人，创建省级卫生城市先进个人等荣誉称号。

杨芝碧同志现为红花岗区环卫处外环站垃圾中转库操作员。从事环卫工作25年以来，一直在基层一线工作，每到一处她对工作都能认真负责，以良好的职业道德和工作追求，任劳任怨，埋头苦干，不怕脏不怕累，刻苦钻研业务，顾全大局，服从领导，团结同志，作风正派，品德高尚，受到大家的好评。整整25个春秋，她踏踏实实地奉献着，并且用一名共产党员的标准弘扬"脏了我一人，干净千万家"的行业精神，把美好年华无私地奉献给了执著追求的环卫事业，以艰苦的劳作和辛勤的汗水给市民群众营造了一个整洁的市容环境，用五尺扫把在大街上谱写了一曲爱岗敬业的无私奉献之歌！

　　杨芝碧出生于环卫世家，从小就受到家里人的影响，对环卫工作有着一种特殊的感情。谈到当年刚参加环卫工作的时候，杨芝碧笑着说："当时还遭到亲戚朋友的反对，劝我换一个体面工作干，不然将来婆家都难找，心里确实有点那个。"父亲看出她的犹豫，对她说："一个人工作做事不要在乎别人怎样看，行行出状元，北京还有个环卫工人时传祥，当年国家主席刘少奇还亲切接见过他，因为环卫工人的辛勤工作，城市才变得干净整洁。这同样是个高尚的职业！"听了父亲这番话，她坚定了信念，从此就与扫帚、铁铲、板车结下了不解之缘，干起了整天与垃圾打交道、又脏又臭、又苦又累的环卫保洁工作，这一干就是25年。

　　最初杨芝碧被分到延安路当清扫工，由于她不懂得扫地的技巧，一天工作下来累得手脚都抬不起来，躺在床上疼得难以入睡，同事们说她扫地像写"大字"，费了力气却出不了效果。她暗下决心，踏实认真向老工人学习请教，不懂就问、不会就学，从点点滴滴学起，不久就有了"见了行人压低扫，起了风后顺风扫"的""扫地经"，工作效率也随之提高。

　　由于出色的工作表现，1993年领导让她担任南舟路保洁班班长，她知道这是个苦差事，责任大干活多，一般人都不想干，但她还是毫不犹豫地接受了，她所在的南舟路段保洁班，只有十几个人，地处城乡结合部，流动人口多，垃圾乱丢乱倒现象特别严重，为了迅速改变这里的环境卫生质量，她首先从"严"字上下工夫，从建章立制入手，严格上下班作业制度，严格清扫保洁标准，坚持定人员、定时间、定任务，做到以身作则，严格管理。

　　由于南舟路段是20世纪五六十年代修建的，市政设施落后，道路污染频繁，下水道堵塞现象时有发生。有一次，在碱厂排污道，因塑料袋、脏垃圾等污物堵塞，居民生活污水和粪便流淌在大街上，由于地势低凹，污水淹得比较深，她看用工具无法疏通，二话不说自己就用手去掏，溅得满身、满脸都是粪便，又脏又臭，过路的行人都捂着鼻子匆匆而过，路过的市民感慨地说："你这样的环卫工人少见！"

　　对环卫工人来说，加班突击是家常便饭。杨芝碧同志的爱人是省冶建的职工，长期出省到外地施工。平时忙于工作，她很难照顾好家里的老人和子女。有一次，为迎接创建"国家卫生城市"大检查，她正在路段上搞突击清理，年老体弱的婆婆带口信来，说孩子发高烧叫她赶快回家，但由于工作实在走不开，直到晚上八点多钟才得以赶回家。而孩子由于未能及时送医院已经烧成了肺炎，她紧紧抱着生病的孩子十分难过，眼泪禁不住夺眶而出。

作为一名女同志，丈夫常年在外地施工，女儿上学，父母年老多病无人照顾，多年辛劳让她的身体已开始有了伤病，2006年她工作岗位变动到垃圾中转库担任行车操作员。作为一名共产党员，她服从组织安排，牢记全心全意为人民服务的宗旨，在新的岗位上认真学习行车安全操作知识和各项技能。作为一名先进工作者，她始终用严谨和坚韧的精神感染着身边的每一个人，一步一个脚印地向前迈进。在她的带动下，中转库全体人员团结一致，奋力拼搏，凝聚力得到了加强。在日常的安全检查和管理工作中，她坚持"安全第一"的原则，杜绝违章指挥，杜绝违章作业，发现安全隐患及时纠正和消除，有效地保证了安全无事故。在一次操作起吊行车时，她听见电机有异常声音果断停机，后来经过设备维修人员的检查，才发现电机卷起的钢丝绳已经断了三分之二，如果继续操作后果不堪设想。

在杨芝碧25年的工作历程中，她奉献在平凡的工作岗位上。兢兢业业、任劳任怨、埋头苦干，做出了领导表扬、工友信服、群众满意的成绩，对于荣誉她没有自满，对于困难她永不服输，对于工作她从不放松！她说："我们遵义能评上全国卫生城市，想到这里面有我和大家的一起努力，就感到高兴。我会踏踏实实地做一辈子城市美容师！"

（2）要正确处理职业与个人成才的关系，克服职业倦怠，不要频繁跳槽

正确的观点是热爱本职与人才流动相统一，不能因为职业倦怠和收入因素随意"跳槽"。现实生活中有许多人为取得体面轻松赚钱的工作而频繁跳槽，这样是不可取的，也不利于从业者个人的发展。只要在某个岗位上从事某种职业，就要遵循爱岗敬业的要求，强化职业责任，缺少忠诚的心态是无法做好任何一份职业的。任何职业都是崇高的，为追逐你的职业理想而释放出你的智慧，付出你的艰辛努力，那么平凡岗位也能助你成功成才。

【小故事】

"一滴智慧"造就石油大王

有一位青年在美国某石油公司工作，他所做的工作连小孩都能胜任，就是巡视并确认石油罐盖有没有自动焊接好。

石油罐在输送带上移动至旋转台上，焊接剂便自动滴下，沿着盖子回转一周，作业就算结束。他每天如此，反复好几百次地注视着这种作业，枯燥无味，厌烦极了。他想创业，可又无其他本事。他发现罐子旋转一次，焊接剂滴落39滴，焊接工作便结束了。他想，在这一连串的工作中，有没有什么可以改善的地方呢？一天，他突然想到：如果能将焊接剂减少一两滴，是不是能节省点成本？

于是，他经过一番研究，终于研制出"37滴型"焊接机。但是，利用这种机器焊接出来的石油罐，偶尔会漏油，并不理想。但他不灰心，又研制出"38滴型"焊接机。这次的发明非常完美，公司对他的评价很高。不久便生产出这种机器，改用新的焊接方式。虽然节省的只是一滴焊接剂，但"一滴"却给公司带来了每年5亿美元的新利润。

这位青年，就是后来掌握全美制油业95％实权的石油大王——约翰·D.洛克菲勒。

简析：人生的改变总是从小的方面开始的，改良焊接机改变了洛克菲勒的人生。他成功的故事表明：即使再平凡的岗位，也能造就出人才，爱岗敬业，见别人所未见，想别人所未想，做别人所不能做，立足岗位开拓创新，就一定能成功成才。

（3）要正确处理爱岗敬业与自觉自律的关系，时刻树立高度事业心和责任感，把爱岗敬业内化为一种品质

从业者要自觉遵守社会主义职业纪律，通过对职业纪律的领会和掌握逐步向更高层次的道德境界前进，逐渐养成良好的职业习惯，并形成牢固的良心感和尊严感，创造性地发挥自己的聪明才智，为全面履行职业义务尽职尽责。

【小故事】

临死前也要爱岗敬业

2008年1月19日早上7时，望城县雷锋镇坪山村，雨雪交加，村民们仍在酣睡之中。此时，村民周泽良的手机闹钟准时响起。妻子黄铜英被闹钟吵醒后，发现丈夫已开始穿衣起床。

"这么冷的天，又不是你当班，要不别去了！"黄铜英望着冷得发抖的丈夫轻声说道。周泽良是长沙红光巴士有限公司915路车的一名司机，这几天正巧轮班在家休息。

"一名同事今天家中有事，我不去上班，公交车没人开。这几天冰冻厉害，公交车本来就开得慢，如果再减少一个班次，会严重影响乘客出行。"周泽良习惯性地轻吻了一下妻子，下意识地裹紧衣服打开了门。

画外音：在亲人和乡邻的眼里，周泽良是个特别有家庭责任感的人。妻子黄铜英体弱多病，无法自食其力，但周泽良不离不弃，一个人勇挑家庭重担，为妻子和儿女撑起了一片晴空。

午休时刻：冰雪上路

上午9时许。周泽良准时来到车队，像往常一样登上了915路公交车，开始了紧张忙碌的工作。915路公交车是从世界之窗到新姚路，周泽良驾驶的是185号公交车。因为冰冻道路很滑，每一趟车周泽良都开得特别小心。"下班再晚，工作再累，他也不会有半句怨言，是我们这里的优秀员工。"同事们眼中的周泽良，是一位技术高超、非常敬业的司机。这样的冰雪天气，让他来开车，公司是最放心的。

中午1时多周泽良才吃完中饭。因为路滑，每一趟车的时间都延长了许多。吃饭后顾不上休息，他又上了185号车准备发车。"刚吃过饭，喝杯热茶，歇一下再走。"在站房值班的同事们连声挽留。"不了，吃饭耽误了时间，走晚了乘客还得等。"话音刚落，周泽良就发动车子上了路。

画外音：周泽良当上公交司机以后，从未出过一次交通事故，也没有被乘客投诉过一次。有乘客在车上被偷走手机，周泽良挺身而出，替乘客追回了手机；有老弱病残上车，他经常会主动离座，扶对方上车。点滴之处，尽显他强烈的社会责任感。

最后一刻：踩死刹车

傍晚6时许。长沙街头车流滚滚。周泽良驾驶着915路公交车，沿城南路由东往西行驶。突然，公交车一个急刹，乘客们都吓了一跳。他们朝驾驶座一看，发现司机脸色苍白。"身体不好，不要继续开车了。"一些好心的乘客劝道。"没事！"周泽良做了一下深呼吸，继续驾车前行。车行至市妇幼保健院，再往前走50米就到了车流量特别大的城南路与韶山路十字路口。这时，周泽良突然趴倒在方向盘上。靠近驾驶座的乘客都吓得失声叫了起来。大家深知，在这车来车往的十字路口，公交车一旦失控，后果不堪设想……

说时迟，那时快，公交车稳稳地停在了路旁，而趴在方向盘上的周泽良已是不人事省。缓过神来的乘客和随后驶来的915路公交车驾驶员陈刚，将他送往就近医院抢救，但经医生检查，周泽良已停止心跳和呼吸。

周泽良同志，这位平凡的公交车司机，将他38岁的生命永远地留在他心爱的公交车上。他留下的，是对事业的执著，是临危时的壮举，是人们对他的感动和思念……

【拓展练习】

① 有三个盖楼工人同时回答一个问题："你们在干什么？"第一个说："砌墙"；第二个人说："我在做每小时赚10美元的工作"；第三个人说："我在建造世界上最伟大的殿堂。"想一想，如果你是三个人中的一个，你同意谁的回答？为什么？

② 你如何看待"今天不爱岗，明天就下岗；今天不敬业，明天就失业"这句话，并谈谈作为一个在校生如何为将来的爱岗敬业做准备？

③ 敬业精神问卷调查。

下面是选自美国伟大的职业成功学家詹姆斯·H. 罗宾斯（1869—1952）所著的《敬业》中的一份调查表，可以帮助你测试你个人的敬业程度（就以下"同意"和"不同意"两项中，用"√"选出其中的一项）。问卷答案及敬业程度类型如下。

敬业程度低下：不同意6个以上　　　敬业程度上等：不同意1~2个

敬业程度中等：不同意3~5个　　　敬业程度卓越：不同意0个

行为表现	不同意	同意
不拿公司的一针一线		
在规定的休息时间之后，立即返回工作场所		
一看到别人违反规定，即向公司领导反映		
凡与职务有关的事情，注意保密		
不到下班的时间，不离开工作岗位		
不采取有损于本公司名誉的行动，即使这种行动并不违反规定		
对本公司有利的意见都提出来，不管自己是否得到相应的报酬		
不泄露对竞争者有利的信息		
注意自己和同事们的健康		
接受更繁重的任务和更大的责任		
在工作以外，不做有损于本公司名誉的事情		
只为本公司工作，不兼任其他公司的工作		
对外界人士要说有利于本公司的话		
在促进本团体商业利益的场合，要显得积极		
把本公司的目标放在与工作无关的个人目标之上		
为了完成工作，在工作时间以外，自行加班加点		
不论在工作上或工作以外，避免任何削弱本公司竞争地位的行动		
用业余的时间研究与工作有关的信息		
购买本公司的产品或服务，不买竞争者的产品或服务		
保证本人家庭成员也采取有利于本公司的行动		
为了工作绩效，要做到劳逸结合		
在工作日的任何时间内及工作开始以前，绝对不喝烈性酒		

第二节　吃苦耐劳

【案例】

东汉时候，有个人名叫孙敬，是著名的政治家。他年轻时勤奋好学，经常关起门，独自一人不停地读书。每天从早到晚读书，常常是废寝忘食。读书时间长，劳累了还不休息。时间久了，疲倦得直打瞌睡。他怕影响自己的读书学习，就想出了一个特别的办法。古时候，男子的头发很长，他就找一根绳子，一头牢牢地绑在房梁上。当他读书疲劳时打盹了，头一低绳子就会牵住头发，这样会把头皮扯痛了，马上就清醒了，再继续读书学习。这就是孙敬悬梁的故事。

战国时期，有一个人名叫苏秦，也是出名的政治家。在年轻时，由于学问不多不深，曾到好多地方做事都不受重视。回家后，家人对他也很冷淡，瞧不起他。这对他的刺激很大。所以，他下定决心发奋读书。他常常读书到深夜，很疲倦，常打盹，直想睡觉。他也想出了一个方法，准备一把锥子，一打瞌睡就用锥子往自己的大腿上刺一下。这样，猛然间感到疼痛，使自己清醒起来再坚持读书。这就是苏秦刺股的故事。

启示：从古至今，吃苦耐劳精神一直是中华民族的传统美德，也是各行各业职业人员的必备素质。结合现实情况，谈谈自己在将来的工作岗位上应如何做到吃苦耐劳。

一、吃苦耐劳的含义

吃苦耐劳是指能过困苦的生活，也经得起劳累，它是一个人的基本素质和必备美德，无论是"故天将降大任于斯人也，必先苦其心志，劳其筋骨，饿其体肤，空乏其身，行拂乱其所为，所以动心忍性，曾益其所不能"。还是"吃得苦中苦，方为人上人"，还是"书山有路勤为径，学海无涯苦作舟"，都歌颂了吃苦耐劳的精神。现阶段，吃苦耐劳也成了各行各业招聘员工时的必要条件，是员工爱岗敬业的基础和要求。

　　我们要辩证地看待"苦"和"累"，俗话说："不经历风雨，怎能见彩虹"，人生不可能事事顺利，生活之路不会只有快乐，经历了苦和累才能真正体味生活本义，善于苦中作乐才能达至成功彼岸！跌倒了，爬起来！这是一句最容易说的话，却是一辈子也做不好的事。脚下的路，还有更多的累，你到底还能走多远？你到底能走多远，不是因你的腿有多长，也不是因你的力气有多少。脚下的路，是由你的意志决定的。这种意志就是吃苦耐劳的精神，是你不断成长成功成才的必要条件，也是你在成长成功成才过程中不断领悟和累积起来的宝贵财富，我们应该珍惜。

　　对于吃苦耐劳，也许大多数人会经历"避开苦—肯吃苦—能吃苦—找苦吃"的阶段。

【小故事】

江西应用技术职业学院的"建模精神"

　　2011年12月22日，由全国大学生数学建模竞赛组委会主办，北京市教委、全国大学生数学建模竞赛北京赛区组委会和北京信息科技大学承办的全国大学生数学建模竞赛20周年庆典暨2011年"高教社杯"颁奖仪式在人民大会堂隆重举行。全国人大常委会副委员长路甬祥、全国政协副主席王志珍、全国大学生数学建模竞赛组委会主任李大潜等10余名中国科学院院士出席庆典暨颁奖仪式。江西应用技术职业学院院长高怀世亲自领队，基础部副主任、指导老师邓通德，全国数学建模优秀指导老师凌巍炜，"高教社杯"三位获得者杨忠、张岐良、徐小辉参加了此次庆典与颁奖会。

　　全国大学生数学建模竞赛创办于1992年，在教育部领导"扩大受益面，保证公正性，推动教育改革"的指示精神指导下，在各级教育行政部门和广大教师的积极指导和参与下，20多年来发展迅速，从当初只有74所高校的314队参加，到2011年有全国33个省（市、自治区，包括我国香港地区和澳门地区）以及新加坡和美国共1251所高校参加，参赛队数达19490队（学生数5.8万多人），参赛学校数和参赛队数每年平均分别以超过16%及24%的速度增长。该赛事不仅已成为我国高校规模最大的学科性竞赛活动，而且推动了近年来规模最大也最成功的、以推进数学建模为核心的数学教学改革实践。在这种大好形势下，江西应用技术职业学院抓住机遇，迎难而上，吃苦耐劳，自2004年参加全国数学建模大赛以来，获得了全国一等奖6次、二等奖15次等多项荣誉，并于2011年再创佳绩，斩获该赛事综合最高奖"高教社"，成为全国唯一一所在该赛事上既获得过综合最高奖"高教社"杯，又获得过单项最高奖"MATLAB创新奖"的学校。

　　在获奖的背后，是学院领导、指导老师和建模队员的辛勤付出，是"咬定青山不放松"

的坚定信念，是吃苦耐劳、脚踏实地的实际行动，据得奖者杨忠回忆，他曾经是一个在家衣来伸手，饭来张口的孩子，有苦总是躲都躲不及，根本没想过要吃苦，但是进入大学后，数学课反倒迷住了自己，凭着对数学的兴趣，他报名参加了数学建模协会。在协会里，他发现大家团结在一起，集思广益地解决同一个问题时很有趣，于是慢慢热爱上了建模这个过程。随着对建模队员的培训和遴选，杨忠感到越来越不自信，越来越烦躁，他既担心自己被选下去，之前吃的苦会白费，又担心接下来没准备好再吃苦，会退缩求轻松。在这个过程中，杨忠受到指导老师的鼓励和启发，决定要从避开苦到肯吃苦再到能吃苦，要充分相信自己，相信自己的团队，于是他自己在培训课后积极思考，积极提问，认真做题，与队友默契配合，主动参与到建模中去，认真上课，记笔记，泡图书馆，暑期培训，找到苦吃，找准苦吃，凭借大家的努力，他们团队终于进入了2011年全国数学建模比赛的决赛。然而决赛的过程又是一波三折，题目抽得很难，他想放弃，可是队友告诉他，大家一起吃了这么多苦，受了这么多累，好不容易走到今天，一定不能轻言放弃。于是又是团队的力量，大家一起做模型思考，相互讨论，验证模型，再建模型，启发式算法，求解，按时完成提交论文，终于他们的拼搏与努力获得了回报，他们斩获了全国数学建模比赛的最高奖项（高教社杯），获奖论文还在工程数学学报上发表，真是一次参赛学会吃苦，终身受益！指导老师凌巍炜也回忆起他的成功，是因为把数学建模当事业来追求的结果，是把吃苦耐劳的数学建模精神坚持到底的结果，是850天为建模废寝忘食、13个三天不眠不休的结果……爱岗敬业、吃苦耐劳充分体现到了江西应用技术职业学院建模人的身上，激励着学校师生奋勇前进。

简析：该校数学建模成功的例子表明爱岗敬业、吃苦耐劳是通向成功的必要条件，也是个人成才的必要途径，吃苦耐劳在这里内化为师生的信念意志，外化为他们的行为，这给我们以启示，将来的职业生涯中唯有坚定信念，咬定目标，执著奋斗，迎难前进方能取得好成绩。

二、吃苦耐劳的意义

（1）吃苦耐劳是从业者的必备素质，在一定程度上成为能否顺利就业的关键

据调查：大多数职业院校都非常重视培养学生的职业技能，因技术不过关被企业和用人单位辞退的现象越来越少，年轻人吃不了苦是企业和用人单位当下比较犯难的事情。企业反映，他们招聘时青睐于能吃苦耐劳的群体，如农村大学生，非独生子女等，最不愿意招收的就是不能吃苦的"瓷娃娃"，当代职业院校

毕业生中很大比例人群缺乏吃苦耐劳精神，这些人的主要表现有：选择工种和岗位时挑肥拣瘦，不能服从企业安排；企业有紧急任务时不愿加班；不能够与同事和睦相处、遇事总爱斤斤计较等。

【小资料】

吃苦耐劳型毕业生受青睐

"能出差，吃苦耐劳，得经常和老百姓打交道。"今天，在吉林农业大学举办的2010年毕业生专场供需洽谈会上，吉林省"三农"服务中心有限公司开出的上述招聘条件，代表了时下广大用人单位的共同心声——不仅需要高素质人才，更钟情于吃苦耐劳型毕业生。

本次就业洽谈会吸引了全国11个省份的340多家用人单位参会招聘，提供需求岗位近8000个，供需比约为1：2。据了解，前来参会的用人单位大多曾经选聘过吉林农大毕业生，部分用人单位今年更是增加了需求岗位，如吉林正大、吉林德大等企业，此次选聘毕业生人数均在80人以上，反映出学校的人才培养质量得到企业认可。

与往年有所不同的是，用人单位在与毕业生洽谈时，不再紧盯着成绩和学历，而是更加注重学生的能力和对工作的态度。洽谈会上，白山市药材种植协会计划选聘10人，主要从事中药材种植技术的推广。协会的招聘展板上标注着用人条件，其中一条为：能吃苦耐劳，最好是在农村长大的。该协会负责人李斌告诉记者，由于协会处于创业期，而且技术推广比较辛苦，近年来招收的几批大学生很多没能坚持下来。因此，此次洽谈会上，他们将肯吃苦、肯创业放到了招聘条件的首位。让众多用人单位感到高兴的是，广大毕业生也在就业形势日趋严峻的情况下，及时调整了心态，降低了各自的就业期待，更加脚踏实地。正如药学工程专业的郑同学对记者所言："作为农业院校的大学生，其实同学们都有到农村就业的心理准备。从专业的角度来看，农村为我们提供了一片施展才华的广阔天地，只有积极投身农村，我们才会大有可为。"

（资料来源：《吉林日报》2009年11月23日第2版）

（2）吃苦耐劳是磨炼超常素质的基础

大部分职业者在吃苦耐劳中成长成功成才。实践证明，吃苦耐劳能培养从业者持之以恒、坚持到底的毅力，能形成从业者踏实稳重、不好高骛远的品质，能锻炼从业者成为自信自尊自立自强的人，能鞭策从业者从小事做起，从自我做起，更能激励职业劳动者去钻研精益求精的技术，在平凡岗位上实现自我，

奉献社会。

【小故事】

打工皇帝周亚军——我最大资本是吃苦耐劳

已过而立之年的周亚军，职高毕业后当了一名普通工人。10 年后的今天，他成了同伴和工友眼中的"打工皇帝"，2011 年他同时荣获江苏省劳动模范和江苏省"五一劳动奖章"两项荣誉。

说起今日的成功，周亚军说："我最大的资本就是吃苦耐劳。""我就想着干得有点儿出息。"

态度决定成败

20 岁那年，周亚军毕业于汽车驾驶培训学校的职高班，怀着梦想，带着闯劲，开始了他的梦想之旅。两年闯荡下来，他依然是背着空空的行囊走四方。于是，他决定转向改行。2001 年，他在海安海海毛绒制品有限公司找到了一份工作，做剖布工——企业里最简单的工作，开始了他新的谋生历程。

新职业新行业，带给他的是新挑战新考验。做纺织活儿，对他来说，就是大棒吹火——一窍不通，"我不能总是漂着，一定要在这家有发展潜能的企业干下去。"他下定决心，要在这行坚持下去！

于是，他处处做有心人。工作之余，他虚心向同事们求教，熟悉机台功能，学习操作，随后借助图纸、资料了解各部件原理。每到淡季机械检修时，他便主动请缨，义务为请来的师傅打下手，拆卸、维修、保养、组装……每个环节他都学了个遍，整天他都是满手油污，汗水经常湿透衣裳，油污沾得衣服像迷彩服……

"工作态度决定着结果成败！"3 年后，周亚军让同事刮目相看了：车间的剪毛、烫光、定型等不同类型的机械原理性能、维修、安装他样样精通。这不仅赢得了工友们羡慕的眼光，也引起了公司管理层的关注。不久，他担当了公司技术维护和管理的重任。

技能来自勤奋

"技能来自勤奋。"周亚军用这话总结概括自己苦求技艺的艰辛。

周亚军所在公司的主打产品是出口毛绒地毯。一度他们生产的毛绒布不丰满、光泽不鲜艳、手感不好，有时产品质量难过关，影响了客户对单位的信赖，经常退货，给单位带来了相当大的经济损失，请来的师傅也不能解决这个难题，到邻县同行中请教，人家也不肯传授经验。

"怎么办？"眼看着单位的生产和销售都受到了影响，周亚军下定决心找到问题存在的症结。一番苦心研究后，他发现症结来源于两个方面：一是外面厂家送来的柔软剂质量不高；二是烫光机的温度和压力控制不一致。

"不如自己配置柔软剂。"在他的反复试验和同事的配合下，公司生产的柔软剂终于出炉，不仅比外面厂家送来的质量好、成本低，更重要的是确保了产品的质量，从此再也没出现过返工或退货现象。

5 年来，周亚军通过对机械运行维护和生产工艺改进等节能降耗，为企业带来了上千万元的经济效益。产品畅销日本、美国、加拿大等国家和地区。

吃苦耐劳能够培养人们热爱生活珍惜生活的品质

吃苦，乃是一种资本。没有经历饥肠辘辘的痛楚，你便不知道一粒米的珍贵，不知道那些被骄阳晒黑了皮肤的劳动者的可敬，当然更无从感受饿得天旋地转时的可悲和伸手乞讨时的可怜。没有尝过寄人篱下的滋味，经不起一点风吹雨打，正是现实中有些年轻人的共性，家人的过多溺爱让他们的性格中缺少了吃苦的精神，过于安逸的生活常让他们失去克服困难的勇气。唯有教育年轻一代学会吃苦耐劳，才能使他们热爱生命、感恩世界、珍惜生活。现在各国都在尝试"吃苦教育"，使年轻一代能够懂得吃苦，学会吃苦。

【阅读材料】

美国的家长从孩子小时候就让他们认识劳动的价值。美国南部一些州立学校为培养学生独立生存的适应社会能力，特别规定：学生必须不带分文，独立谋生一周方能予以毕业。条件似乎苛刻，但却使学生们受益匪浅。家长对这项活动全力支持，没有一位"拖后腿""走后门""搞小动作"的。美国的中学生有句口号："要花钱自己挣。"美国青少年从小的时候开始，不管其家里多富有，男孩子12岁以后就会给邻居或自己的父母在家里剪草、送报赚些零用钱，女孩子则做小保姆去赚钱。14岁的詹妮每周礼拜六要去餐馆打工，母亲告诉她，你完全可以在家里帮妈妈干活，照样可领取工资。但詹妮觉得在家赚自己母亲的钱不是本事，她一定要去外面赚钱来表示自己有自立的能力。

瑞士父母为了不让孩子成为无能之辈，从小就培养孩子自食其力的精神。例如，对十六七岁的姑娘，从初中一毕业就送到一家有教养的人家去当一年女佣，上午劳动，下午上学。这样做，一方面锻炼了劳动能力，另一方面还有利于学习语言，因为瑞士有讲德语的地区，也有讲法语的地区，所以这个语言地区的姑娘通常到另外一个语言地区当佣人。

德国家长从不包办孩子的事情。法律还规定，孩子到14岁就要在家里承担一些义务，如要替全家人擦皮鞋。这样做，不仅是为了培养孩子的劳动能力，也有利于培养孩子的社会义务感。

日本教育孩子有句名言：除了阳光和空气是大自然的赐予，其他一切都要通过劳动获得。许多日本学生在课余时间都要去外边参加劳动挣钱，大学生中勤工俭学的非常普遍，就连有钱人家的子女也不例外。他们靠在饭店端盘子、洗碗，在商店售货，在养老院照顾老人，做家庭教师等来挣自己的学费。孩子很小的时候，父母就给他们灌输一种思想，"不给别人添麻烦"，全家人外出旅行，不论多么小的孩子都要无一例外地背上一个小背包。别人问为什么，父母说："他们自己的东西，应该自己来背。"

加拿大为了培养孩子在未来社会中生存的本领，人们从很早就开始训练孩子独立生活的能力。在加拿大一名记者家中，两个上小学的孩子每天早上要去给各家各户送报纸。看着孩子兴致勃勃地分发报纸，那位当记者的父亲感到很自豪："分这么多报纸不容易，很早就起床，无论刮风下雨都要去送，可孩子们从来都没有耽误过。"

西方人所说的那句话："上帝爱你，才叫你吃苦。学会吃苦，才懂得感恩生活。"

三、吃苦耐劳的基本要求

① 从业者要正确处理职业理想和理想职业的关系，要树立"吃苦在前，享受在后"的观念，不能因为工作的"苦"和"累"而退却。不能输在起跑线上——这话被多少人奉为准则，然而又有多少人明白"吃苦耐劳"也是一条起跑线？

如今职场竞争激烈，而所谓竞争，归根结底就是素质的竞争。吃不了苦耐不得劳，成了"瓷娃娃"，实际上是自己封杀了自己的发展空间。吃苦耐劳也是一面镜子，照出了今天一些职校毕业生的样子。眼高手低，言行脱节，对工作漫不经心，受到一点批评就大吵大闹，稍遇挫折就怨天尤人，不懂得待人接物的基本礼仪……诸如此类，毛病多多。职校生树立吃苦耐劳的品质和精神，方能在职场里奋斗出自己的一片天地。

【小故事】

吃苦试探

"没想到一进去就要被派到外地，工作还没日没夜，太可怕了！"大四毕业生王某（化名）叹着气离开一家企业的招聘摊位，手里还拿着没敢投出去的简历。王某告诉记者，这家公司规模很大，本来自己挺感兴趣，可一开口询问企业的招聘要求，对方就问他能不能吃苦，还罗列出了新员工所应经受的磨炼，王某听得抽回简历匆匆逃走。

　　这家公司人力资源部的黄先生说："我们是一家化工企业，对员工要求比较高，尤其是要能吃苦。"于是，他们今年想出了"吃苦测试"这一招，夸大一些困难，比如把原来5分的苦说成9分，对于确实要被外派从事管理任务的新人，他们则会以"在流水线上进行操作"的艰苦来试探。黄先生告诉记者，这个测试还颇为奏效，"有近三成的学生被'吓跑'了，这样企业一开始就别除掉一些不能吃苦的应聘者"。

　　简析：王某在被"苦"吓到的同时，也失去了一次很好的就业机会，如果没有树立正确的择业就业观，总是拈轻怕重，眼高手低，是很难在激烈的就业竞争环境中生存的。

　　② 从业者要正确处理职业与个人成才的关系，发扬吃苦耐劳的精神，脚踏实地，艰苦奋斗，立足岗位成功成才。吃苦耐劳是成功秘诀。那些能吃苦耐劳的人，很少有不成功的。这是因为苦吃惯了，便不再把吃苦当作苦，能泰然处之，遇到挫折也能积极进取；怕吃苦，不但难以养成积极进取的精神，反而会对困难挫折采取逃避的态度，这样的人当然也就很难成功成才。

【小故事】

李嘉诚讲"吃苦"

　　香港超人李嘉诚，被美国《时代》杂志评选为全球最具影响力的25位企业界领袖之一，同时他也是香港历史上的千亿富翁。他所建立的长江实业为香港的第一大企业集团。他的成功离不开吃苦耐劳精神。

　　李嘉诚幼年丧父，家庭的重担由他一肩扛起。14岁，正是一般青少年求学的黄金岁月，应该是无忧无虑的，然而迫于生计他不得不选择辍学，走上谋职一途。他好不容易在港岛西营盘的春茗茶楼找到一份担任服务生的工作。每天清晨五点左右一般人都还在睡梦中的时候，他就必须提起精神从温暖的被窝中爬起，然后赶到茶楼准备茶水及茶点。每天他的工作时间长达15小时以上。生活简直就是一场严酷的考验与磨炼。

　　舅父非常疼爱李嘉诚，为了让他能够准时上班，就买了一个小闹钟送他。他把闹钟调快了十分钟，以便能最早一个赶到茶楼开门工作。茶楼的老板对他的吃苦肯干深为赞赏，所以李嘉诚就成为茶楼中加薪最快的一位员工。

　　曾有人问李嘉诚的成功秘诀。李嘉诚讲了下面这则故事：在一次演讲会上，有人问69岁的日本"推销之神"原一平其推销的秘诀是什么，他当场脱掉鞋袜，将提问者请上讲台，说："请你摸摸我的脚板。"提问者摸了摸，十分惊讶地说："您脚底的老茧好厚呀！"原一平说："因为我走的路比别人多，跑得比别人勤。"李嘉诚讲完故事后，微笑着说："我没有资格让你来摸我的脚板，但可以告诉你，我脚底的老茧也很厚。"

简析：李嘉诚讲的这个故事，给我们这样的启示：人生中任何一种成功都不是唾手可得的，不能吃苦、不肯吃苦，是不可能获得任何成功的。

③ 从业者要正确处理个人眼前利益与长远价值的关系，吃苦耐劳，开拓创新，为企业贡献力量、为社会奉献自我。吃苦要从小做起，从我做起，不要过分计较眼前的"吃苦"是否立刻给你带来利益，吃苦是一个过程，是过程中积累的财富，成功更是一个过程，是过程中沉淀的珍珠。著名经济学家钟朋荣从经济学角度将温州人艰苦创业归结为"四千"精神，就是历尽千辛万苦，说尽千言万语，走遍千山万水，想出千方百计！吃别人所不能吃的苦，忍别人所不能忍的气，做别人所不能做的事，方能超越平凡实现辉煌。

【素质拓展】

有三个年轻人同时回答一个问题："你怎样看待吃苦耐劳？"第一个说："现在生活那么好，还提吃苦，都OUT了。"第二个人说："我找工作之前肯定会向用人单位保证我能吃苦，找到了工作再吃苦那就叫傻了。"第三个人说："吃苦是中华民族的优良美德，祖祖辈辈的吃苦换来了我今天的幸福生活，我要忆苦思甜，把吃苦耐劳的精神坚持下去。"想一想，如果你是三个人中的一个，你同意谁的回答？为什么？

第三章

诚实守信　办事公道

春秋战国时，秦国的商鞅在秦孝公的支持下主持变法。当时处于战争频繁、人心惶惶之际，为了树立威信，推进改革，商鞅下令在都城南门外立一根三丈长的木头，并当众许下诺言：谁能把这根木头搬到北门，赏金十两。围观的人不相信如此轻而易举的事能得到如此高的赏赐，结果没人肯出手一试。于是，商鞅将赏金提高到50金。重赏之下必有勇夫，终于有人站起将木头扛到了北门。商鞅立即赏了他50金。商鞅这一举动，在百姓心中树立起了威信，而商鞅接下来的变法就很快在秦国推广开了。新法使秦国渐渐强盛，最终统一了秦国。

而同样在商鞅"立木为信"的地方，再早400年以前，却曾发生过一场令人啼笑皆非的"烽火戏诸侯"的闹剧。

周幽王有个宠妃叫褒姒，为博取她的一笑，周幽王下令在都城附近20多座烽火台上点起烽火——烽火是边关报警的信号，只有在外敌入侵需召诸侯来救援的时候才能点燃。结果诸侯们见到烽火，率领兵将们匆匆赶到，弄明白这是君王为博妻一笑的花招后又愤然离去。褒姒看到平日威仪赫赫的诸侯们手足无措的样子，终于开心一笑。5年后，酉夷太戎大举攻周，幽王烽火再燃而诸侯未到——谁也不愿再上第二次当了。结果幽王被逼自刎而褒姒也被俘虏。

一个"立木取信"，一诺千金；一个帝王无信，玩"狼来了"的游戏。结果前者变法成功，国强势壮；后者自取其辱，身死国亡。可见，"信"对一个国家的兴衰存亡都起着非常重要的作用。

第一节　做诚实守信的好公民

诚实守信是人类在漫长的交往实践中总结、凝练出来的做人的基本准则，是确保社会交往，尤其是经济交往持续、稳定、有效的重要道德规范。在大力建立社会主义市场经济体制的今天，在加强职业道德建设的过程中，弘扬诚实守信的精神，无论对于企业单位的兴旺发达，还是对于职工个人的就业、成长、成功，都是十分重要的。

一、诚实守信的概念

诚实就是真心诚意、实事求是、不虚假、不欺诈；守信就是遵守承诺、讲究信用，注重质量和信誉。

诚实守信是人们在职业活动中处理人与人之间关系的道德准则，是市场经济体制下人们在人际交往和经济活动中必须遵守的一项最基本的道德规范。

诚实守信是为人处世的基本准则，也是一个单位从事经营活动的基本准则，更是从业者对社会、对人民所承担的义务和职责。

二、诚实守信是为人之本

诚实守信是为人之本，从业之要。首先，做人是否诚实守信，是一个人品德修养状况和人格高下的表现。其次，做人是否诚实守信，是能否赢得别人尊重和友善的重要前提条件之一。

【小故事】

18世纪英国的一位有钱的绅士，一天深夜他走在回家的路上，被一个蓬头垢面衣衫褴褛的小男孩儿拦住了。"先生，请您买一包火柴吧。"小男孩儿说道。"我不买。"绅士回答说。说着绅士躲开男孩儿继续走，"先生，请您买一包吧，我今天还什么东西也没有吃呢。"小男孩儿追上来说。绅士看到躲不开男孩儿，便说："可是我没有零钱呀。""先生，你先拿上火柴，我去给你换零钱。"说完男孩儿拿着绅士给的一个英镑快步跑走了，绅士等了很久，男孩儿仍然没有回来，绅士无奈地回家了。

第二天，绅士正在自己的办公室工作，仆人说来了一个男孩儿要求面见绅士。于是男孩儿被叫了进来，这个男孩儿比卖火柴的男孩儿矮了一些，穿得很破烂。"先生，对不起了，我的哥哥让我给您把零钱送来了。""你的哥哥呢？"绅士道。"我的哥哥在换完零钱回来找您的路上被马车撞成重伤了，在家躺着呢。" "走！我们去看你的哥哥！"去了男孩儿的家一看，家里只有两个男孩的继母在照顾受到重伤的男孩儿。一见绅士，男孩连忙说："对不起，我没有给您按时把零钱送回去，失信了！"绅士却被男孩的诚信深深打动了。当他了解到两个男孩儿的亲父母都双亡时，毅然决定把他们生活所需要的一切都承担起来。

诚信最基本的一点就是不欺骗他人、守信用，一个无诚信的人就是丧失了品德的人，是一个身心不健康的人，不仅伤害了自己，也伤害了他人，可以说就是骗子，这样的人不但得不到他人的信赖，在社会上也无法立足，这样的人很难交到知心的朋友。不管我们在哪里，都要具备诚信。

三、诚实守信是当前道德建设的重点

社会主义社会的道德建设，是一个包括道德核心（为人民服务）、道德原则（集体主义）和各种道德规范的庞大体系。这个体系涵盖了道德生活的所有方面，包括"社会公德、职业道德和家庭美德"三大领域中各种人伦关系的要求。在"二十字基本道德规范"中，更突出了"爱国""守法""明礼""诚信""团结""友善""勤俭""自强""敬业""奉献"10个基本规范。

道德建设和道德教育的最终目的，就是要使道德核心、道德原则和道德规范转化为人们的内心信念，并能把它付诸实践。道德教育不但要使人们懂得什么是道德的，什么是不道德的，更重要的是，要以诚挚、真实的态度把道德要求转化为自己的行动。

古人认为："履，德之基也"（《周易·爻辞下》），"口能言之，身能行之，国宝也，口言善，身行恶，国妖也"（《荀子·大略》），把能否实践道德作为道德建设的根本。因此，以什么样的态度来对待道德的核心、原则和规范，是道德建设和道德教育能否收到实际效果的决定环节。能够做到"诚实守信"，身体力行道德规范，我们的道德建设就必然取得越来越大的进展；不

能做到"诚实守信",我们的道德建设就会沦为空谈,人们的素质也就不可能得到提高。

当前我国一些地方的道德失范现象,归根到底,都是同失去了"诚实守信"有重要关系,而要改变这种现象,就必须从加强"诚实守信"的建设入手。"言行一致""身体力行",以老老实实的态度来履行道德规范的要求,这可以说是加强道德建设的卓识远见。

【小故事】

一个士兵,非常不善于长跑,所以在一次部队的越野赛中很快就远落人后,一个人孤零零地跑着。转过了几道弯,遇到了一个岔路口,一条路标明是军官跑的,另一条路标明是士兵跑的小径。他停顿了一下,虽然对做军官连越野赛都有便宜可占感到不满,但是仍然朝着士兵的小径跑去。没想到过了半个小时后到达终点,却是名列第一。他感到不可思议,自己从来没有取得过名次不说,连前50名也没有跑过。但是,主持赛跑的军官笑着恭喜他取得了比赛的胜利。

过了几个钟头后,大批人马到了,他们跑得筋疲力尽,看见他赢得了胜利也觉得奇怪。但是突然大家醒悟过来,在岔路口诚实守信是多么重要。

四、诚实守信是社会健康发展的重要保障

以诚实守信为重点,是社会主义市场经济对道德建设的一个重要要求,是提高人们的思想素质、改善社会风尚、保障经济秩序良性运行的支撑。加强诚信建设,日益成为我国经济、政治、文化和社会健康发展的重要保障。

所谓"诚实",就是说老实话、办老实事,不弄虚作假,不隐瞒欺骗,不自欺欺人,表里如一。所谓"守信",就是要"讲信用""守诺言",也就是要"言而有信""诚实不欺"。

诚实守信是人和人之间正常交往、社会生活能够稳定、经济秩序得以保持和发展的重要力量。对一个人来说,诚实守信既是一种道德品质和道德信念,也是每个公民的道德责任,更是一种崇高的"人格力量"。对一个企业和团体来说,它是一种"形象",一种"品牌",一种信誉,一个

使企业兴旺发达的基础。对一个国家和政府来说，诚实守信是"国格"的体现，对国内，它是人民拥护政府、支持政府、赞成政府的一个重要的支撑；对国际，它是显示国家地位和国家尊严的象征，是国家自立自强于世界民族之林的重要力量，也是良好"国际形象"和"国际信誉"的标志。从经济生活来看，诚实守信是经济秩序的基石，是企业的"立身之本"和一种"无形的资产"；从政治道德来看，诚实守信是一种极其重要的"品性"，是"政治意识"和"责任意识"的体现，是一个从政者必须具有的"道德品性"和"政治素质"；从人际关系来看，诚实守信是人和人在社会交往中最根本的道德规范，也是一个人最主要的道德品质，人们在交往中，相互信任是相处的基础，其关键就在于诚实守信。

在现代社会中，随着社会主义市场经济的不断发展，诚实守信在社会政治生活、经济生活、文化建设和道德风尚等各个方面，日益显示它的重要地位。立党为公、执政为民的思想，寄希望于政治上的"诚实守信"；经济秩序的正常运行，迫切要求"诚实守信"；人民群众的相互交往，热切地呼唤"诚实守信"；社会的道德失范，亟须"诚实守信"来予以匡正。在加强社会主义法制建设、依法治国的同时，加强诚信建设体现了"法治"和"德治"、依法治国与以德治国的相辅相成。

第二节　诚实守信是立足点

一、诚实守信是道德教育的基本立足点

在公民道德建设中，把诚实守信融入职业道德的各个领域和各个方面，使各行各业的从业人员都能在各自的职业中，培养诚实守信的观念，忠诚于自己从事的职业，信守自己的承诺。职业道德总的要求是"爱岗敬

业、诚实守信、办事公道、服务群众、奉献社会"，而诚实守信是其中的立足点。

一个政府的干部、一个国家的公务员，从贯彻"三个代表"重要思想的高度，一言一行应当切实体现最广大人民的根本利益。对上级、对下级、对老百姓诚实守信，说老实话，办老实事。如果对上虚报成绩、弄虚作假，隐瞒缺点、掩盖错误；对下只说不做、言而无信，说的是为人民服务，而做的是为自己的升官发财着想，就必然走向腐败。

一个企业的工作人员，如果能够树立起"诚信为本""童叟无欺"的形象，企业就能够不断发展壮大。一些企业之所以能兴旺发达，走向世界，在世界市场占有重要地位，尽管原因很多，但"以诚信为本"是其中的一个决定因素；相反，如果为了追求最大利润而弄虚作假、以次充好、假冒伪劣和不讲信用，尽管也可能得利于一时，但最终必将身败名裂、自食其果。在前一段时期，我国的一些地方、企业和个人，曾因失去"诚实守信"而导致"信誉扫地"，在经济上、形象上蒙受了重大损失。一些地方和企业痛定思痛，不得不以更大的代价，重新铸造自己"诚实守信"形象，这个沉痛教训是值得认真吸取的。

一名教育工作者、一名教师，不但要"传道、授业、解惑"，而且要"为人师表""言传身教"。不论在教学工作还是科研工作中，都要忠于职守、热爱专业、认真负责、老老实实，绝不能敷衍塞责、虚华浮夸、弄虚作假、得过且过。诚实守信既是一种道德品质，更是一种高尚人格，每一位教师不但要以自己的知识、智慧和才能来教育学生，而且要以自己的人格力量来启迪学生、感召学生。作为"灵魂工程师"的教师，绝不能为了追逐名利而弄虚作假，而应当以诚实守信的人生态度和价值取向来启迪学生，通过潜移默化来培养学生的思想素质和道德素质。汉代的著名思想家杨雄在他的《法言》中说"师者，人之模范也"，提出了教师在做人上的模范作用，强调了对教师的道德品质的要求。从一定意义上，教育者的身教比言传更为重要。身教重于言传，身教高于言传。每一位教师，不但要以自己的知识和才能来传授知识，更要以自己的道德品质来感染和激励学生。

同样，不论从事任何职业，我们都要把诚实守信融入职业道德的具体要求之中，使其成为一切职业道德的立足点，提高职业人员的思想素质和道德素质。

二、诚实守信是建立市场经济秩序的基石

市场经济，是交换经济、竞争经济，又是一种契约经济。因此，如何保证契约双方履行自己的义务，是维护市场经济秩序的关键。一方面，我们强调市场经济是法治经济，用法律的手段，来维护市场的秩序；另一方面，我们还必须用道德的力量，以诚信的道德觉悟，来维护正常的经济秩序。市场经济的健康运行，不仅做靠对违法者的惩处；更重要的，要使大多数参与竞争的人能够成为竞争中的守法者，成为一个有道德的人。如果没有道德教育，没有荣辱观念，没有羞耻之心，都信奉自私自利、损人利己的价值观念，人们就会想方设法以各种手段获取利益，人和人之间的交往就无法进行。社会失去了诚实守信的道德基石，失去了诚实守信为荣、背信弃义为耻的舆论氛围，市场经济的正常秩序是根本无法建立起来的。法治和刑罚着重于惩罚那些已经违法犯罪的人；而道德教育和德治则着重于对违法犯罪前的教育和预防。

在市场经济的激烈竞争中，在最大利益的诱惑与驱动下，只有使参与竞争的大多数人自觉守法，才能够避免法不责众的混乱局面，才能真正发挥法律的作用，才能保证市场经济秩序的正常运行。

在社会主义社会中，诚实守信对克服市场的消极方面和负面影响、保证社会主义市场经济沿着社会主义道路向前发展，有着特殊的指向作用。

我国市场发展中的消极因素，如拜金主义、享乐主义和极端个人主义的滋生，已经对我国的市场经济秩序产生了不可忽视的影响。在经济交往中，假冒伪劣、欺诈欺骗、坑蒙拐骗、偷税漏税的歪风，制约着经济的发展。统计、审计、财务、会计工作中也出现了弄虚作假、欺上瞒下、无中生有、以假乱真的腐败现象。的确，由于欺骗欺诈现象屡禁不止和不断蔓延，已出现了所谓"信用缺失"、"信用危机"的现象，成为社会主义市场经济健康发展的一大"公害"。这种情况，是不可能仅仅靠法治来解决的，它还必须通过社会主义的诚实守信教育和社会主义正确价值导向来引导和克服。

【案例】

安然曾经是叱咤风云的"能源帝国"，2000年总收入高达1000亿美元，名列《财富》杂志美国500强中的第七。2001年10月16日，安然公司公布该年度第三季度的财务报告，宣布公司亏损总计达6.18亿美元，引起投资者、媒体和管理层的广泛关注，从此，拉开了安然事件的序幕。2001年12月2日，安然公司正式向破产法院申请破产保护，破产清单所列资产达498亿美元，成为当时美国历史上最大的破产企业。2002年1月15日，纽约证券交易所正式宣布，将安然公司股票从道·琼斯工业平均指数成分股中除名，并停止安然股票的相关交易。至此，安然大厦完全崩溃。短短两个月，能源巨擘轰然倒地，实在令人难以置信。

安然公司成立于1985年，由当时的休斯敦天然气公司（Houston Natural Gas）和北联公司（Inter North）合并而成，主要经营北美的天然气与石油输送管道业务。20世纪80年代后期，美国政府开始放松对能源市场的管制，导致能源特别是天然气与石油价格的波动加大。安然公司抓住时机，利用市场上随之出现的希望规避与控制能源价格波动风险的需求，创造性地将金融市场中的期货、期权等概念移植到能源交易中，从提供能源产品的期货、期权等新型交易入手，广泛开拓其他大宗商品（如天气预报、通信宽带）的衍生交易市场，扩大经营范围。同时依靠所研制的能源衍生证券定价与风险管理系统，加上财力上的优势，占据了新型能源交易市场的垄断地位，成为一个类似美林、高盛，但以交易能源衍生产品为主的新型交易公司。

安然公司问题的暴露，是从一些以准确了解企业经营状况而不是靠股票交易本身获得收入的机构投资公司、基金管理公司证券分析人员和媒体对安然公司的利润产生怀疑开始的。2001年3月5日《财富》杂志发表文章《安然股价是否高估》，对公司财务提出疑问。随后证券分析人员和媒体不断披露安然公司关联交易与财务方面的种种不正常做法，认为这些关联交易对安然的负债和股价会产生潜在的致命风险。2001年8月美国证券交易委员会开始调查该公司的财务问题。这些情况对市场产生影响，2001年10月安然公司的股价下跌至20美元左右。在各种压力下，安然公司不得不决定重审过去的财务，于2001年11月8日宣布在1997年至2000年间共虚报利润近6亿美元，并有巨额负债未列入资产负债表。11月28日，在安然公司有6亿美元债务到期的情况下，原准备并购安然的昔日竞争对手德能公司（Dynergy Inc.）宣布无法按照并购条件向安然公司提供20亿美元现金，造成市场对安然公司的信心陡降。同时，标准普尔公司和穆迪公司将安然公司的债信评级连降六级为垃圾债，安然股价立即大幅下挫，跌至每股0.2美元的最低点。股价严重下跌，又引发了由关联交易形成的高达34亿美元的债务清偿压力。由于严重资不抵债，安然于2001年12月2日正式申请破产保护。

1．"安然"轰倒的原因

安然轰倒的根本原因是什么呢？媒体认为主要有两点：

（1）制度腐败

安然事件，其实是现代企业制度、公司治理制度、现代会计制度、证券及金融市场制度、社会审计制度等存在问题，使内部人员滥用职权而没有有效的监督和约束机制。此案不仅涉及美国两党政要，而且涉及诸多政府高官和国会议员，可以说，这与其社会制度不无关系，安然公司的破产揭示了现代资本主义的各种弊端。

（2）道德沦丧

媒体披露，安然公司与布什家族、众多政府要员、国会议员关系非同一般，在其破产前后，更是接触频繁。公司总裁肯尼斯·莱在公司破产前已经秘密抛售了其掌握的全部股票，那些持有安然公司股份的现任布什政府某些部长、副部长们，也在公司倒闭前卖出了自己手中的股票。安然公司的一般雇员们却因为金字塔顶的少数人把钱抽走，一夜之间数亿美元的退休金化为乌有，失去了他们一生的积蓄。骇人听闻的暗箱操作，毫无社会责任感和诚信可言，亦毫无恻隐之心，道德沦丧殆尽，这就是某些西方大公司！

2．"安然"轰倒的启示

（1）恪守职业道德，保持职业尊严

从会计的角度上看安然事件，主要不是会计标准和会计人员的专业水平问题，而是如何坚守职业道德的问题。应该建立、健全行业自律组织，制定行业自律规范，并确保有效实施（奖惩、准入、退出等）。不论公司财务会计人员，还是社会审计人员都应坚守职业道德底线，保持职业尊严，做高尚的会计人，诚信为本，操守为重。有人说，会计没有了诚实就像战士没有了勇敢，科学家没有了智慧，官员没有了廉洁。比喻形象，言之有理。总之做人与做事，做人应为先。

（2）规范社会审计，保持审计的独立性

自20世纪90年代中期以来，安达信既是安然的外部审计人，又是内部审计人和提供管理咨询服务人；既一只手教其做账，另一只手证明这只做账的手。换言之，安达信既是安然的裁判员，又是安然的运动员。为此，安达信每年从安然得到上千万美元的丰厚报酬，就这样，安达信还能保持最起码的独立性吗？因此，安然的丑闻同时也必定成为安达信的丑闻。安然轰倒后，安然公司在销毁重要文件，为安然出具审计报告的安达信首席审计师大卫·邓肯（已被解雇）也在销毁资料。这些充分说明，即使在美国这样市场经济比较健全的国家，在1997年就成立了独立性准则委员会的国家，连"五大"会计师事务所都时有严重违规、严重违反独立性的事件发生。虽然美国证监会（SEC）于2000年6月27日就提出了修改独立性规则的动议，但会计师真正做到独立、公正从业仍然路途遥远。

（3）建立健全法制，加强政府监管

从安然轰倒到安达信丑闻，我们不仅看到了道德严重失范，更看到了法制的缺漏和政府监管乏力。因此，应该建立健全法制，既要规范企业，又要规范社会中介；对政府官员、对注册会计师进入企业任职，要有严格规定、具体要求，政府监督、监察部门也要严格执法，违者严惩不贷。2001年底，中国证监会发布的《A股公司实行补充审计的暂行规定》，可以视为是以注册会计师审计不可信或不完全可信为前提的监管措施。

三、诚实守信是企业的无形资本

1. 诚实守信是市场经济的法则

诚，就是真实不欺，尤其是不自欺，它主要是个人内持品德；信，就是真心实意地遵守履行诺言，特别是注意不欺人。诚实是守信的心理品格基础，也是守信表现的品质；守信是诚实品格必然导致的行为，也是诚实与否的判定依据和标准。

市场经济是信用经济，离开市场参与者们诚实守信的品格，经济活动肯定是一片混乱，纷杂无序；从长远看，这种市场经济是难以持久的，更是没有前途的。

在市场经济活动中，自利追求与道德操守是共生共存的社会现象，二者缺一不可。过分重视道德操守，而无视自身利益固然行不通，而一味追求自身利益，而不管道德操守，同样要在市场经济中碰壁。

2. 诚实守信是企业的无形资产

诚实守信是市场经济的一个本质规定，是作为市场经济主体所必须遵守的规则，它可以为企业带来经济效益，成为企业的无形资产。

一个企业怎样才能更好地使诚实守信成为企业的无形资本呢？

在企业内部，企业上下要形成三种共识：客户至上，质量第一，严守承诺。

在企业外部，还要多做外功：重视企业形象设计；广告策划和宣传以及新闻媒体对企业的深度报道等，形成企业的特色，扩大企业的知名度。

【案例】

　　北京同仁堂集团公司是一家具有三百多年历史的老字号药店。三百多年来，同仁堂长盛不衰，经受住风风雨雨，靠的就是"德""诚""信"。他们把讲信用，把保证药物质量作为重要的职业道德规范。同仁堂下属19家药厂和商店，每一处都挂着一副对联，上联是"炮制虽繁从不敢省人工"，它要求的就是保证熬药的质量，不能省工减料。现在同仁堂的商品信誉很高，不仅在国内，而且在东南亚等地区，人们要吃中药都愿去同仁堂购买。在我国香港地区的同仁堂门前，购药的顾客经常排长队。近几年来，同仁堂的利润仍是直线上升，职工的收入也逐年提高。

第三节　办事公道

一、办事公道的含义

　　办事公道是人加强自身道德修养的基本内容，也是社会主义市场经济条件下企业活动的根本要求。作为一个职工，在其职业活动中必须奉行办事公道的基本原则，在处理个人与国家、集体、他人的关系时，公私分明、公平公正、光明磊落。

　　办事公道就是指我们在办事情、处理问题时，要站在公正的立场上，对当事人双方公平合理、不偏不倚，不论对谁都是按照一个标准办事。

　　办事公道不是在当事人中间搞折中，不是各打五十大板，而是不论对什么人都要坚持正确的原则。

　　办事公道不仅是对手中掌握一定权力的人的要求，对于每一个从业者，也都存在办事公道的问题。

二、办事公道是企业活动的根本要求

1. 办事公道是企业能够正常运行的基本保证

办事公道是企业经营过程中正确处理管理者之间、管理者与被管理者之间、从业人员之间关系的重要准则。办事公道是促进彼此信任，加强相互之间的协作，保证企业运行的各个环节紧密衔接，使企业得以高效运行的重要条件。

2. 办事公道是企业赢得市场、生存和发展的重要条件

办事公道是企业赢得良好信誉的重要条件。因此，当今企业的发展方向已不再是单纯的商品提供者，而是越来越重视加强企业文化和企业人格的发展。

3. 办事公道是抵制行业不正之风的重要内容

要有效地纠正和坚决抵制行业不正之风，关键是要提倡廉洁奉公、办事公道的职业道德。每个职业劳动者应在职业工作中，确立职业工作者应姓"廉"不姓"贪"的观念，努力做到按原则办事，以自己的实际行动抵制和反对不正之风。

4. 办事公道是职业劳动者应具备的品质

办事公道是从业者应具备的职业道德品质的重要方面。这不仅是社会主义精神文明建设的要求，也是市场竞争条件下企业生存和发展的要求。因此，每个从业人员都要自觉地把国家和企业的利益放在第一位，出色地完成本职工作，不能为了个人私利而损害国家和企业的利益，丧失原则，徇私情，谋私利，坑害国家，坑害集体。

三、办事公道的具体要求

1. 坚持真理

要想做到办事公道，平时要有意识地培养自己热爱真理、追求人格正直的品格。坚持真理就是坚持实事求是的原则，就是办事情、处理问题合乎道义。

职业工作者要在任何情况下，任何环境中，在自己的职业实践中，都能把握住自己，坚持真理、秉公办事。

① 在大是大非面前立场坚定；在政治风浪面前头脑清醒。

② 积极改造世界观，在实践中不断坚定自己的信仰，锤炼自己的意志，确立高尚的人生追求和健康向上的生活情趣。

③ 要做到照章办事，按原则办事，做到行所当行，止所当止。

④ 要敢于说"不"。

【案例】

某超市明文规定，顾客在结账时要按正常的顺序排队埋单。一名男子借口购买商品数量少，直接走到队伍的最前面要求埋单，众人纷纷指责其言行，而收银员竟然毫不理会，优先为该名男子办理。

该例子体现的正是收银员办事不公，把超市的规定当成一纸空文，致使该超市信誉扫地，影响超市的形象，也直接损害消费者的权益。办事公道就是要求从业者在职业活动中做到公平、公正，不谋私利，不徇私情，不以权损公，不以私害民，不假公济私。

2. 公私分明

公私分明原意是指要把社会整体利益、集体利益与个人私利明确区分开来，不以个人私利损害集体利益。在职业实践中讲公私分明是指不能凭借手中的职权谋取个人私利，损害集体利益和他人利益。

在职业实践中，如何做到公私分明呢？

① 要正确认识公与私的关系，增强整体意识，培养集体精神。

② 要富有奉献精神。

③ 要从细微处严格要求自己。

④ 在劳动中满足和发展个人的需要。

【案例】

在某招聘会上，某人事经理说，他本来想招一个工作经验丰富的资深会计人员，可没想到最后却破例招了一位刚毕业的女大学生，他说其实就是因为一个小小的细节使他改变了主意。

人事经理说，因为女大学生没有工作经验，所以在面试的第一关就被拒绝了，但她并没有气馁，一再坚持。她要求主考官给她一次机会，让她参加完笔试。主考官拗不过她，就同意了，后来她通过了笔试，由人事经理亲自复试。

因为她笔试成绩最好，所以人事经理对她印象不错，但当她说自己没有工作经验，唯一的经验是在学校掌管过学生会财务时，人事经理有些失望了。因为人事经理觉得找一个没有工作经验的人做财务会计有点不妥，于是决定结束面试："今天就到这吧，有消息我会电话通知你的。"女孩听完经理的话后站起来向经理点了点头，然后从口袋里掏出两块钱双手递给经理说："经理，不管我是否被录取，请您都要给我打个电话。"

经理觉得很意外，因为他从未碰到过这种情况，于是便问女孩："你怎么知道我不给没有录用的人打电话？"女孩回答道："您刚才说有消息就打，那言下之意就是没录取就不打了。"

经理觉得这个女孩很有趣，便问："如果你没被录取，我打电话，你想知道些什么呢？""我想知道我什么地方达不到你们的要求，在哪方面不够好，我好改进。""那这两块钱……"女孩微笑说："给没有被录用的人打电话不属于公司的正常开支，所以由我付电话费，请您一定打。"人事经理也笑了，然后对女孩说："你的这两块钱收回去，我不用给你打电话了，我现在就正式通知你：你被录用了。"

有些人觉得就凭两块钱就录用一个没有经验的人，太感情用事了。但是人事经理觉得，从这次面试的细节可以反映她作为财务人员具有良好的素质和人品，人品和素质有时比资历和经验更为重要。她一开始就被拒绝了，但还是一再争取机会说明她有坚毅的品格。财务是十分繁杂的工作，没有足够的耐心和毅力是不可能做好的；她坦言自己没有工作经验，这显示了一种诚信，做财务的讲究的就是诚信；她知道自己不被录取，却还希望能得到别人的评价，说明她有直面不足的勇气和敢于承担责任的上进心。员工不可能把每项工作都做得很完美，我们可以接受失误，但是不希望自己的员工自满不前；女孩自掏电话费，反映她公私分明的良好品德，这是作为财务最需要的。

3. 公平公正

公平公正是指按照原则办事，处理事情合情合理，不徇私情。做到了公平公正，才能弘扬正气，祛除邪气；发扬团队精神，加强团结协作；增强凝聚力，提高工作效率；树立威信，赢得群众的拥护和尊重。

① 坚持按照原则办事。

② 不徇私情。

③ 不怕各种权势，不计个人得失。

【案例】

　　陈玲是某企业人力资源部经理，最近为"炒"一个员工的事跟老总闹别扭。事情是：销售部有三个员工在张明的带动下私分1500元钱的货款。事情暴露了以后，陈玲向老总递交了辞退张明等四人的报告，但老总只批了辞退三名员工而保留张明。陈玲明白张明是老总的老乡，老总是念乡情而不"炒"他，但私分1500元钱的带头人是张明，带头的不"炒"，这事传出去了会有什么后果……

　　分析：一个企业如果没有严格的管理制度，员工的管理就会困难重重，在处理各类纠纷时就不能做到公平、公正，最后必然导致人才的流失，影响企业的长远发展。

　　4. 光明磊落

① 光明磊落是指做人做事没有私心，胸怀坦荡，行为正派。在职业活动中，做到光明磊落就是克服私心杂念，把社会、集体和企业的利益放在首位。在任何时候、任何情况下，都要说真话，不说假话；说实话，不说空话和大话；干实事，不图虚名；言行一致，表里如一。

② 把社会、集体利益放在首位。

③ 说老实话，办老实事，做老实人。

④ 坚持原则，无私无畏。

第四章

遵纪守法　廉洁奉公

　　随着经济的高速发展，社会的进步，法律同样也会进一步完善，因为整个世界的和平发展是要依靠法律才能稳步的前进。法律离我们并不遥远，无论是在家庭生活、社会生活中，法律都与我们息息相关。我们需要学法、懂法、用法，不犯法，才能像法国的泰·德萨米在《公有法典》中说的那样："这些神圣的法律，已被铭记在我们的心中，镌刻在我们的神经里，灌注在我们的血液中，并同我们共呼吸；它们是我们的生存，特别是我们的幸福所必需的。"

 # 遵纪守法

一、遵纪守法的含义

遵纪守法指的是每个从业人员都要遵守纪律和法律，尤其要遵守职业纪律和与职业活动相关的法律法规。遵纪守法是每个公民应尽的义务，是建设中国特色社会主义和谐社会的基石。

【案例】

列宁守纪的故事

有一次列宁去克里姆林宫理发室理发。当时，这个理发室只有两个理发师，忙不过来，很多人都坐着排队，等候理发。列宁进去后，大家连忙让座，并且请列宁先理，可是列宁却微笑着对大家说："谢谢同志们的好意。不过这样做是要不得的，每个人都应该遵守公共秩序，按照先后次序理发。"他说完后，就随手搬了一把椅子，坐在最后一个位置上。

二、遵纪守法的意义

1. 法是从业人员的基本要求

① 遵纪守法是从业人员的基本义务和必备素质之一；

② 遵守职业纪律是每个从业人员的基本要求。

【案例】

22岁的汪某，毕业后被分配到某出版社财务科当出纳员。一次，他核对账目总差8元

钱，于是他随手拿起一张已经报销过的发票充抵，这样不仅平了账面，还多出了几元钱零花。就此汪伟产生了歹念。这钱来得容易，何不自筹资金出国？于是采用旧发票重复报销、直接开支票提取现金等手段在短短一年里贪污3万多元。可好景不长，单位对他经手的账目进行清查，这时汪伟才明白自己走的是一条犯罪的道路。

2. 遵纪守法是从业的必要保证

① 在现代社会中，随着科学技术的突飞猛进和生产力的迅速发展，不仅一个企业部门分工细，一环紧扣一环，而且社会协作越来越广，行业与行业之间的联系也更为密切。

② 当代新的科学技术革命正在席卷全球，正如我们在科技发展史中所看到的，一种新的科学发明或技术手段的应用往往具有双重效应，它既能给社会带来益处，又可能产生新的危害。

③ 在社会主义市场经济条件下，要进行正常的经济生活，就必须建立一定的秩序和规则，否则社会就会处于混乱状况。

④ 中国改革开放已经二十多年了，眼下面临新的转折。

⑤ 邓小平说："我们这么大一个国家，怎样才能团结起来、组织起来呢？一靠理想，二靠纪律。"

三、遵纪守法的基本要求

1. 学法、知法、守法、用法

① 学法、知法，增强法律法制意识。

② 遵纪守法，做个文明公民。

③ 用法护法，维护正当权益，保护消费者的权益，每年的"3·15"是消费者权益日。

2. 遵守单位、行业纪律和规范

① 遵守劳动纪律；

② 遵守财经纪律；

③ 遵守保密纪律；

④ 遵守组织纪律，其主要内容是执行民主集中制原则；

⑤ 遵守群众纪律。

四、做一个遵纪守法的合格中职学生

学校也有学校的"法"，学校里的"法律"既包括国家的各种法令法规，也包括学校的各项规章制度、纪律条令。有的同学不遵守中学生守则、违反校纪校规。他们对校纪校规视而不见，忽视学校对中学生仪容仪表、待人接物、行为言语等方方面面的要求，不爱护公物、乱扔垃圾、抽烟喝酒、沉迷网络、旷课、偷窃、为一点儿小事结伙打架……这些违反学校规章制度的不文明行为严重破坏了我们美好的校园人文环境。这些违反校规校纪的同学并没有认识到事态的严重性：一个人的行为久而久之会成为一种习惯，一种习惯久而久之会形成一种性格，一种性格久而久之会成就一种命运。命运不是一种偶然，而是行为的必然，冰冻三尺非一日之寒，以善小而不为，以恶小而为之，积小恶成大恶，最终必然自食恶果。现如今青少年犯法已成为我国严重的社会问题之一，学法、懂法、守法、用法势在必行。遵纪守法是人生最有价值的一种资源。人对社会有多大贡献，他就有多大价值。在这个意义上，做一个懂得遵纪守法的人并不吃亏。一个有法制观念的人，他的守法行为能够促进他的人生发展，并且有利于他实现自己的人生价值。就好像如果你诚实可靠，那么你就会获得大家的信任。这样，你做任何事情就顺利得多。如果你关爱他人，你就容易得到别人的关心，从而形成有利于合作的环境和氛围。如果你保护自然环境，宜人的环境就是对你德行的回报。因此，我们要从生活点滴做起，树立正确的荣辱观。"以史为鉴，可以知兴衰，以法为鉴，可以晓规则。"作为21世纪的中职学生，在学习中、生活中，都应树立以遵纪守法为荣、以违法乱纪为耻的牢固观念，摆正自己的位置，端正自己的态度。一个真正有教养的人，是一个爱自己、爱他人、爱社会、爱国家、爱民族的人。严于律己，宽以待人，生活才会更加美好。让我们从现在做起，从身边做起，一起携起手来共同营造一个美好的明天，做一个遵纪守法的合格的中职学生。

因此，中职生要增强遵纪守法的意识，把树立和弘扬"以遵纪守法为荣、以

违法乱纪为耻"的客观要求内化为青年学生的自觉行动，抵制来自身边的不良诱惑。为此，首先要做到以下两点。

1. 思想上高度认识遵纪守法的重要性

中职生要树立"以遵纪守法为荣，以违法乱纪为耻"的意识，使"一荣一耻"成为自己作为现代公民的基本原则，这是现代社会生活对每个人的道德要求，也是每个公民应尽的道德义务。

2. 把遵纪守法转化为自觉的实际行动

中职生树立远大理想，严格要求自己，培养健康的生活方式，提高自己的道德修养，遵守校规校纪，依靠法律武器保护自己的合法权益。

另外，遵纪守法必须从日常生活和学习中，从细处入眼，防微杜渐，持之以恒，贯穿始终。一点一滴做起，成为一个懂得自爱、勇于自省、善于自控的人。

【案例】

1961年4月，苏联宇航员加加林乘坐"东方号"宇宙飞船进入太空遨游了108分钟，成为世界上第一位进入太空的英雄，名垂青史。他在20多名宇航员中能够脱颖而出，起决定作用的只是一个偶然的事件。原来，在确定人选之前一个星期，主设计师科罗廖夫发现，在进入飞船前，只有加加林一人按照规定脱下鞋子，只穿袜子进入座舱。就是这个细节一下子赢得了科罗廖夫的好感，他感到这个27岁的青年如此懂得规矩，又如此珍爱他为之倾注心血设计的飞船，于是决定让他执行这次飞行。加加林的成功从遵守脱鞋的规则开始。

脱鞋虽然是小事，但小事能折射出一个人的道德品质和纪律观念，而这正是培养好习惯的关键。想要成功，先从培养好习惯开始，先从遵守纪律开始，争做文明守纪的好学生。

【案例】

上海有一家外资企业高薪招聘应届大学毕业生，对学历、外语的要求都很高。应聘的大学生过五关斩六将，到了最后一关：总经理面试。一见面，总经理说："很抱歉，年轻人，我有点急事，要出去10分钟，你们能不能等我？"这仅剩的几位大学生们都说："没问题，您去吧，我们等您。"经理走了，大学生们闲着没事，围着经理的大写字台看，只见上面文件一叠，信一叠，资料一叠。都是些什么呢？他们你看这一叠，我看这一叠，看完了还交换：哎哟，这个好看，哎哟，那个好看。

10分钟后，总经理回来了，他说："面试已经结束，你们全都没有被录用。"大学生们个个瞪大了眼睛，"这是怎么回事，面试还没开始呢？"总经理说："我不在的这一段时间，你们的表现就是面试。很遗憾，本公司从来不录用那些乱翻别人东西的人。"

第二节　廉洁奉公

一、廉洁奉公的含义

廉，就是不贪污，称有节操，不苟取的人品行正直、刚直方正、清白高洁；廉洁就是廉正、廉明，比喻品行端正，有气节。奉，比喻恭敬地用手捧着，有尊重、遵守之意；公是指正直无私，为大家的利益大公无私。廉洁奉公，就是品行端正，为人贞洁，清廉守正。只有保证廉洁行政，才能做到奉公守法。

【案例】

吴隐之到广州做官，从"贪泉"路过，听随从说起有这么一回事，便去看看。他看见所谓的"贪泉"实际上只是山泉，就蹲下捧着泉水畅饮，随从见状赶紧上前阻拦："这是贪泉，千万不能喝啊！"吴隐之哈哈大笑，说："什么贪泉不贪泉的，我就不信这个邪。贪婪的人不喝也会贪，清廉的人就算喝了也能保持廉洁。"随后还赋诗一首以表达自己廉政的决心："古人云此水，一歃怀千金：试使夷齐饮，终当不易心。"这首诗的意思是：人们传说喝了"贪泉"的水便会贪得无厌，欲壑难填。但我认为，如果让品德高洁的伯夷、叔齐（殷商孤竹君的两个儿子）喝了它，一定不会改变廉洁之心的。

吴隐之笑酌"贪泉"明廉志，洁身自好，出淤泥而不染，表现出清正廉洁的高尚品质。

二、廉洁奉公的意义

1. 对个人的意义

身处同样的环境中，人们却有坚守廉洁与腐败堕落的重大善恶区别，说明人精神世界的品质至关重要。对自己的人格负责，懂得自尊自重，可以起到如防火墙一样的屏障作用，抵御腐败行为的侵蚀，反之，会使人主动或被动地走向消极腐败。个人对廉洁做到了理论认同、情感认同、道德认同和实践认同，就能将廉洁做人内化为一个人的人格。

古今中外清正廉洁者，都以自己的生活和社会实践证明了"一丝一粒，我之名节……取一文，我为人不值一文""三军可夺帅也，匹夫不可夺志"的人格尊严意识，是抵御贪腐最有力的精神动力。有这种动力，才可以保持"不为五斗米折腰"的精神，"不食嗟来之食"的骨气和"富贵不能淫、贫贱不能移、威武不能屈"的节操。不论什么时代和社会，懂得净化心灵维护人格尊严的人，才是精神健康的人，对社会有价值的人。

讲人格重品德知廉耻的人，心中充盈浩然正气，必然视狗苟蝇营、出卖人格为无耻之事，这样才可能递进地选择科学世界观，树立"以天下为己任"的理想，从而坚持正确的政治理论和政治目标，实践执政为民的宗旨。这种人自然会远离腐败行为，成为可靠的人民公仆。以他们组成的执政党，才能防止使"立党为公、执政为民"的要求沦为空洞的口号而真正成为行为指南得到落实，完成为人民谋幸福的政治任务和历史使命。

2. 对社会的重要性

（1）有利于建立自由通畅的社会流动机制

社会阶层的形成过程中，知识和能力应起到最重要的作用。而腐败会导致这种正常的社会流动机制的扭曲，阻碍社会流动的正常进行，导致社会分层结构变劣。通过建立廉洁社会，可以消除由于腐败导致的社会流动机制扭曲的问题。廉洁社会保障了人们进入社会更高阶层方式的合理合法性，同时对人民通过不断学习与提升能力努力进入社会上层提供了保障，而上层精英整体素质水平的提高又会反过来不断去巩固保障廉洁社会的体制，最终形成良性循环。

（2）有利于建立公正合理的利益协调机制

市场经济的发展需要利益驱动的力量，腐败社会会导致利益的不均等分配，出现利益的倾斜，导致富人更富、穷人更穷的马太模型，最终导致社会贫富矛盾日益尖锐，社会不稳定因素增加。通过构建廉洁社会，可以有效地解决利益协调不公正的问题。在廉洁社会的背景下，社会价值的分配将为全社会服务，由于社会下层更需要帮助，因此会对其有所偏斜，以利于社会贫富差距保持在适当的范围内，缓和社会各阶层的矛盾，促进社会整体水平的发展，确保和谐社会建设的顺利进行。

（3）有利于建立安全全面的社会保障机制

市场经济存在市场失灵的可能，需要政府进行合理的宏观调控，在腐败的社会中，由于公共财政的支出取向的扭曲，以致政府在履行社会保障职能方面的失灵。在廉洁社会中，社会财富的分配机制日趋透明，公贿导致的地方财政压力不复存在，这样社会的保障机制将更加全面地覆盖整个社会，最后建立起覆盖城乡、全面广泛的社会安全网，使低收入群体和弱势群体享受到经济增长和改革的实惠，确保和谐社会具有最基本的物质基础。

（4）有利于建立灵敏有效的社会控制机制

在腐败社会的情况下，腐败使社会的行为准则扭曲，使司法机关、执法机关的公正性受到影响，必然激起人民对社会和政府的不满。廉洁社会的建立，将保证司法的公平公正合理，使法律条文条款对社会的约束力得到强化。在公平的社会控制机制下，人民将得到一视同仁的对待，进而使人民对社会控制机制充满信心，并自觉遵守。同时，由于廉洁社会的机制对我国政府官员的选拔具有过滤作用，保证了国家管理机构的高素质与高水平，进而推动了整个社会的道德发展，起到了模范作用。

【案例】

2010年3月25日上午，郴州市中级人民法院召开新闻发布会，通报原郴州市住房公积金管理中心主任李树彪贪污、挪用公款一案已经最高人民法院核准，并下达了死刑执行命令，郴州中院遵照最高人民法院的死刑执行命令依法对李树彪执行了死刑。

最高人民法院核准认为，李树彪利用担任郴州市住房公积金管理中心主任的职务便

利，骗取由其监管的住房公积金5667万元，其行为构成贪污罪。李树彪贪污事关国计民生的住房公积金，并将所贪污的5667万元中的5495万元非法转移至境外用于赌博，贪污犯罪数额特别巨大，犯罪后果和情节特别严重，依法应予严惩。同时李树彪还利用职务便利，挪用由其监管的住房公积金6205.5万元，用于自己的赢利活动或非法转移至境外进行赌博，其行为构成挪用公款罪。李树彪挪用公款数额特别巨大，并将公款主要用于出境赌博的非法活动，情节特别恶劣，后果特别严重，也应依法惩处，与所犯贪污罪并罚。最高人民法院依法核准了对李树彪以贪污罪判处死刑，剥夺政治权利终身，并处没收全部财产；以挪用公款罪判处无期徒刑，剥夺政治权利终身；决定执行死刑，剥夺政治权利终身，并处没收个人全部财产的刑事判决。

问题思考：

① 以上案例中当事人的行为违反了哪项职业道德的要求？这样的行为有哪些危害？

② 结合上述职业腐败的案例，谈谈在职业生活中怎样才能抵制职业腐败，廉洁履职？

（5）有利于建立动态开放的社会稳定机制

社会稳定机制表现为民众对政府表达政治诉求，政府通过政策输出以获得民众的支持，保证社会稳定，推动社会进步。而在腐败的社会中，由于政府政策并非完全体现社会民众的要求，而是向对政府官员行贿的富有阶层进行倾斜，民众对政府存在不满，往往会往两个方向转化，一是形成对政治漠不关心的政治冷漠状态，二是演变成对政治的偏激对抗。在廉洁社会中，政府的政策输出将最大限度地保证公平合理，维护最广大人民的根本利益，以获得人民的支持与信任，最终使人民对政府更有信心，这便减轻了社会发展的阻力，更有利于我国和谐社会的建立。

三、廉洁奉公的基本要求

① 树立正确的世界观、人生观、价值观，用正确的思想武装头脑，坚定政治信念，自觉地构筑起拒腐防变的思想防线。

② 要树立为人民谋福利、为社会主义事业献身的理想志向，忠诚党的教育事业，兢兢业业，踏实工作，乐于奉献，做好每项工作，不断进步。

③ 要树立辛勤工作乐于奉献的精神，做好本职工作。为教育事业发展多尽一份责任，多贡献一份力量。

④ 树立高尚的道德人格，自觉加强思想修养，保持高尚的情操，注重从点滴小事做起，从小节着眼。拒腐防变的警惕性要长期在内心筑牢和巩固。

第五章

服务群众　奉献社会

一切行业，一切职业，都在为他人提供产品、服务。因此人人都在接受他人的服务，同时人人都是服务者。奉献，泛指一切为社会、为他人创造财富、创造价值的活动。既可以是不计报酬的奉献，也可以是有报酬的奉献。

第一节　服务群众与奉献社会概述

一、服务群众

服务群众是为人民服务的宗旨在职业道德中的具体体现，是社会主义职业道德的核心。服务群众就是在职业活动中一切从服务对象的利益出发，满足服务对象的要求，尊重服务对象的利益，为服务对象提供高质量的服务。

在我们这个社会里人人都是服务对象，人人又都在为他人服务，行业与服务对象之间相互联系构成了互为需求的市场主体，这种"我为人人、人人为我"的相互需求关系是经济健康发展、社会和谐的体现，也是行业生存发展的必要条件。

服务群众要求我们：

① 时刻为服务对象着想，一切以服务对象利益为重。这是我们做工作、想问题、做决定的出发点和落脚点。

【案例】

2012年5月29日，杭州长运客运二公司快客司机吴斌，驾驶大客车在高速公路上正常行驶。面对对向车道上突然飞来的铁块造成肝脏多处碎裂、多根肋骨骨折、肺肠挫伤的危急时刻，他强忍疼痛，用惊人的毅力完成了一系列安全操作，确保了24名旅客安然无恙。而他自己虽经无锡101解放军医院全力抢救，在经历了两次大手术后，终因伤势过重去世。为了一车旅客的安全，年仅48岁的他献出了宝贵的生命。这就是为服务对象着想、以服务对象利益为重的典范。

② 提供热情、周到、耐心、细致的服务。接待服务要让顾客有"宾至如

"归"的感觉；上门服务要让服务对象有家人一样的信任，而且要注意礼仪，文明礼貌，特别是态度和语言极为重要，服务语言一定要规范。

③ 熟练掌握服务技能，提供高质量的服务。

【小故事】

人民的勤务员

从1961年开始，雷锋经常应邀去外地作报告，他出差机会多了，为人民服务的机会就多了，人们流传着这样一句话："雷锋出差一千里，好事做了一火车。"

一次雷锋外出在沈阳车站换车的时候，一出检票口，发现一群人围观一个背着小孩的中年妇女，原来这位妇女从山东去吉林看丈夫，车票和钱丢了。雷锋用自己的津贴费买了一张去吉林的火车票塞到大嫂手里，大嫂含着眼泪说："大兄弟，你叫什么名字，是哪个单位的？"雷锋说："我叫解放军，就住在中国。"

五月的一天，雷锋冒雨要去沈阳，他为了赶早车，早晨5点多就起来，带了几个干馒头就披上雨衣上路了，路上，看见一位妇女背着一个小孩，还领着一个小女孩正艰难地向车站走去。雷锋脱下身上的雨衣披在大嫂身上，又抱起小女孩陪他们一起来到车站，上车后，雷锋见小女孩冷得发抖，又把自己的贴身线衣脱下来给她穿上，雷锋估计她早上也没吃饭，就把自己带的馒头给她们吃。火车到了沈阳，天还在下雨，雷锋又一直把她们送到家里。那位妇女感激地说："同志，我可怎么感谢你呀！"

一次，雷锋从安东（今丹东）回来，又要在沈阳转车。他背起背包过地下通道时，看见一位白发苍苍的老大娘拄着棍儿，背了个大包袱，很吃力地一步步迈着，雷锋走上前去问道："大娘，你到哪儿去？"老人上气不接下气地说："俺从关内来，到抚顺去看儿子呀！"雷锋一听跟自己同路，立刻把大包袱接过来，用手扶着老人说："走，大娘，我送你到抚顺。"老人感动极了，一口一个"好孩子"地夸他。

进了车厢，他给大娘找了座位，自己就站在旁边，掏出刚买来的面包，塞了一个在大娘手里，老大娘往外推着说："孩子，俺不饿，你吃吧！""别客气，大娘，吃吧！先垫垫饥。""孩子"这个亲切的称呼，给了雷锋很大的感触，他觉得就像母亲叫着自己小名似的那样亲切。他在老人身边，和老人唠开了家常。老人说，她儿子是工人，出来好几年了。她是第一次来，还不知道住在什么地方。说着，掏出一封信，雷锋接过一看，上面的地址他也不知道。老大娘急切问雷锋："孩子，你知道这地方吗？"雷锋虽然不知道地址，但雷锋知道老人找儿子的急切心情，就说："大娘，你放心，我一定帮助你找到他。"

雷锋说到做到。到了抚顺，背起老人的包袱，搀扶着老人，东打听西打听，找了两个多小时，才找到老人的儿子。

母子一见面，老大娘就对儿子说："多亏了这位解放军，要不然，还找不到你呢！"母子一再感谢雷锋。雷锋却说："谢什么啊，这是我应该做的。"

过年的时候，战友们愉快地在一起搞些文娱活动。雷锋和大家在俱乐部打了一阵乒乓球，就想到每逢年节，服务和运输部门是最忙的时候，这些地方是多么需要人帮忙啊。他放下球拍，叫上同班的几个同志，一起请假后直奔附近的瓢儿屯车站，这个帮着打扫候车室，那个给旅客倒水，雷锋把全班都带动起来了。

雷锋就是选择永不停歇地、全心全意地为人民做好事，难怪人们一见到为人民做好事的人就想起雷锋。因为他是我们的好榜样！

二、奉献社会

奉献社会是社会主义职业道德的最高要求，是为人民服务和集体主义精神的最好体现。奉献社会的实质是奉献。无论什么行业，无论什么岗位，无论是从事什么工作的公民，只要他爱岗敬业，努力工作，就是在为社会做出贡献。如果在工作过程中不求名、不求利，只奉献，不索取，则体现出宝贵的无私奉献精神，这是社会主义职业道德的最高境界。

奉献社会的职业道德的突出特征是：第一，自觉自愿地为他人、为社会贡献力量，完全为了增进公共福利而积极劳动；第二，热心为社会服务的责任感，充分发挥主动性、创造性，竭尽全力为社会做贡献；第三，不计报酬，完全出于自觉精神和奉献意识。在社会主义精神文明建设中，我们要大力提倡和发扬奉献社会的职业道德。

我们在履行好自己岗位职责的同时，能努力自觉地做到奉献社会，无论是对自己还是对企业对社会都是极有意义的好事情，对自己来说有能力奉献社会是人生价值自我实现的需要。如果一个人的财富积累超过了个人生活需求，其实就应该回馈社会，人吃不过一日三餐，睡不过一床，多余对自己就没用了。

有社会责任感的企业，企业发展的同时不忘回报社会，也会得到老百姓的赞赏和支持，对企业发展也是极大的促进，比如王老吉在2008年汶川地震后慷慨义捐1亿元人民币，媒体报道以后，社会公益产生的口碑效应立即在网络上蔓延，

网友之间相互传颂，"要捐就捐一个亿，要喝就喝王老吉"，这次捐赠成了最有效的宣传促销活动，当年销售额超过想象的回报。王老吉销售额2007年才90亿元，2008年飙升到170亿元，几乎翻了一番，2009年达到190亿元。这就是奉献社会得到的巨大良好的回报。更重要的是，大家都能自觉努力做到奉献社会，这个社会自然就和谐稳定了。

【案例】

案例一 2003年非典爆发流行，造成预防和治疗此病的板蓝根严重脱销，许多药厂借机涨价，北京同仁堂却迅速把库存的板蓝根发往全国各地，而不是惜售涨价，赚昧心钱。坚持的是养生济世、义利并举、以义为先的宗旨。

案例二 上海水暖工徐虎，几十年如一日、没有上下班概念，居民有需要24小时服务，随叫随到，被评为全国劳动模范、职业道德标兵。他有句名言：你不奉献我不奉献、谁来奉献；你也索取我也索取、向谁索取。

第二节 服务群众与奉献社会的基本要求

1. 服务群众的基本要求

（1）要把群众的利益放在首位

牢固树立群众满意的价值追求，全面贯彻群众满意的工作导向，始终坚持群众满意的评价标准，从人民群众最关心、最直接最现实的利益问题入手，真心实意为群众谋利益，扎扎实实为群众办实事、办好事。时时处处、切切实实关心群众生活，紧抓民生之本、解决民生之急、排除民生之忧，也是最根本的群众工作。要从思想上尊重群众，从感情上贴近群众，从行动上深入群众，把为群众办实事、解难题作为首要任务，把群众呼声当作第一信号，把群众需要当作第一选择，把群众满意当作第一标准，始终做到心里装着群众，做事想着群众，一切为了群众，增进党同人民群众的血肉联系。

（2）要树立正确的权力观

无论自己身处什么岗位、是普通党员还是党的干部，其职责都是为人民服务，为人民办好事、办实事。要把权力当作一种责任，权力越大责任越重。要把权力当作自己的岗位，在自己的岗位上多为国家和人民作贡献。而不是利用手中的权力为自己谋利益，高高在上，脱离群众。树立服务群众的思想，严格要求自己，做到自重、自省、自尊、自爱，规范管理，按章办事，在自己的岗位上为工商事业多做贡献。

（3）要把服务群众的要求化作自己的主动行动

服务群众落实到具体工作中，一方面，要察民情、聚民力，带着责任，带着感情，关心群众的安危冷暖，着力解决好关系他们切身利益的具体问题，形成齐心协力谋发展的强大合力，这是我们做好各项工作的重要保证；另一方面，把服务作为一切工作的根本出发点和落脚点，不断创新服务方式，提升服务效能，推进事业稳步发展，实现各项工作再上新台阶。

【案例】

传递在高原邮路上的信念

四川省凉山彝族自治州木里藏族自治县位于青藏高原和云贵高原交界处的大凉山，这里一道道状如刀锋的山梁并排交织，山与水之间形成落差巨大的大河深谷，道路艰险绝少平地。就在这些交通十分不便的大山里散落着许多少数民族村落。在不通公路的乡村，靠着骡子和马开辟的马班邮路，是当地群众与外界联系的重要通道。乡邮员王顺友就是一位二十年如一日在漫漫高山邮路孤独跋涉了26万公里，相当于走了21趟两万五千里长征，把信息和希望带给这里各族群众的人。在一去十多天的邮路上，王顺友要翻越陡峭的山路，忍受恶劣的气候，应对泥石流、洪水、飞石、野兽、强盗等种种危险，还要爬冰卧雪、风餐露宿，为的就是要把报纸、信件和脱贫致富的信息送到当地群众手中。

王顺友对自己的辛劳无怨无悔。人们眼中的王顺友，干瘦、沉默，40岁的人看上去像是年过五十，走路时身体习惯地前屈着，这些都是长期在高山邮路上行走造成的。当地货物的流通要靠马帮，王顺友在崎岖的山路上经常能碰上他们，熟悉的马帮常常想拉王顺友入伙，说："像我们这样干，受的累少，不受管束，挣的钱比你多，以你现在的操劳，少说一年也挣个十万八万的。"王顺友只是嘿嘿一笑，他说："送信的工作是伟大的，伟大之处就在于邮政的工作是在为老百姓做事情。"

王顺友一心为了群众连命都可以不要。1998年8月，木里遭受百年罕见的暴雨、泥石流袭击，进入保波乡的所有道路中断，整个保波成了一个与外界隔绝的孤岛。正当大家在咆哮的河水旁发愁的时候，忽然有人叫了起来："快看，老王来了!"只见浑身是泥、满是伤痕的王顺友牵着泥骡子一步步走来，只有骡子背上的邮包因为用塑料布包了好几层被保护得干干净净。他说："路太滑，摔了几跤，桥都冲断了，我是拉着骡子尾巴一路蹚泥过来的。"乡里的同志说："老王，一连几天雨都没停，你可以避一避、等一等嘛，太危险了。"可王顺友却说："不敢耽搁，邮包里有报纸，还有两个学生的录取通知书。而且，我来了，就说明这里与县里的联系没有断。"一席话，让在场所有的人激动不已。

现在的王顺友已是一身的伤病，但他仍在坚持着，他最大的愿望就是大凉山的每个乡村都通上公路、都跑起汽车，让马班邮路被汽车邮路取代，让山里的每户人家都富裕起来。

2. 奉献社会的基本要求

从业人员在自己的工作岗位上树立奉献社会的职业精神，并通过兢兢业业的工作，自觉为社会和他人做贡献。

在社会主义社会里，每个公民无论从事什么工作，能力如何，都能够在本职岗位上通过不同的形式为人民服务。

为人民服务要做到以下几点：

① 毫不利己、专门利人，为祖国为人民无私奉献。

② 先公后私、尽职尽责、诚实劳动。

③ 为维持自己和家庭的生活，利用自己的一技之长做好工作，守法经营。

第三节 增强热情服务与无私奉献的意识

中职生是我国具有一定熟练技能，在生产、建设或服务一线从事操作性工作的应用型、实用型人才，在未来的岗位中更要树立为人民服务、无私奉献的意识。

1. 增强热情服务、无私奉献的意识，要深刻理解职业意义，认同"服务不低贱，奉献不吃亏"的观念

职业的本质就是为人民服务，为社会、为国家做贡献。只有认识到这一点，才能从狭隘的、低级的职业观念中解放出来，才不致在个人利益上斤斤计较，才能真正确立服务群众、奉献社会的正确价值取向。职业有分工的不同，但没有高低贵贱之分，服务工作光荣，服务工作大有可为。

2. 要学好知识，练好技能，立足岗位，提高服务和奉献的本领

扎实的专业理论功底、娴熟的技术、过硬的岗位综合素质，是服务群众、奉献社会的必要条件，否则，服务群众、奉献社会的美好愿望就无法落实到实处。在校学生要培养牢固的专业意识，学好文化基础和专业理论知识，苦练专业技能；就业后要在自己的工作岗位上兢兢业业、恪尽职守、勇于开拓、善于创新，为企业、为社会做出自己的贡献，成为企业骨干乃至行业精英。

3. 从身边的小事做起，增强服务群众、奉献社会的意识

中职生服务群众的奉献精神，重在行动、贵在实践。中职生正处于成长的关键时期，要形成良好的性格习惯，为一生的发展打下良好的基础，就必须认真对待学习和生活中的点点滴滴，不容忽略每一个细节。精神支柱的建立，思想成熟的界定，主要是通过实践来体现和验证的。一个人对社会的奉献，不一定要做出一番轰轰烈烈的大事业，就是给人一个小小的微笑也是一种奉献。学生时代由于特定的人生阶段和特定的生活环境，他们还不能直接为社会主义现代化建设添砖加瓦，但他们在自己学习和生活的周边环境中，同样可以以自己的特殊方式为社会做奉献。如遵守学校规章制度，不迟到，不早退，不打人骂人，不破坏公物，不损人利己，不给学校增添负面影响和麻烦；认真读书，发奋学习，学好理论基础知识，练好专业技能，努力把自己培养成为"宽基础，高技能，复合型，高素质"的新型技能人才，为将来走上社会参加社会主义现代化建设打下坚实的基础；热爱劳动，热爱集体，爱护环境卫生，不随地吐

痰，不乱扔果皮纸屑，不践踏草坪和花坛，积极打扫校园，共建一个整洁、舒适、美好、文明、和谐的校园环境；尊敬师长，对老师有礼貌，尊重老师的劳动成果；团结同学，互相关心，互相帮助，为学习困难的同学解答疑难问题，为生病的同学送水端饭；在路上扶老携幼过马路、在公车上为老人孕妇让座，文明用语，礼貌待人；在家里孝敬父母和长辈，感恩父母对自己的培养，帮他们做力所能及的家务事。热心帮助社区，大力弘扬公民道德基本规范，为创文明社区、和谐社会奉献一份微薄之力。

奉献精神是一种崇高而伟大的精神，它不是一个人先天就具备的，而是靠平时点点滴滴的培养积累起来的，积小流才能成江河。

【阅读材料】

微笑天使——邓红英

公共交通作为城市文明的"窗口"，其服务质量直接折射出一个城市和公交企业的形象。

广西柳州市公共交通有限责任公司第三分公司3308号车驾驶员邓红英，在十米车厢里创造了不平凡的业绩，成为公交行业传播文明的使者。在2003—2004年，她安全行驶11.2万公里，创收23.95万元，超收8.71万元。在历次的服务、卫生检查中均达100分，成为公司车辆卫生的"免检车"。两年来，她共做好人好事154次，收到乘客代表和群众的表扬信92封（次）。先后荣获自治区"巾帼建功标兵"、柳州市"劳动模范"等荣誉称号，被市民乘客亲切地誉为"微笑天使"。

19路是城区的主要线路，老、弱、病、残、孕等特殊乘客较多，邓红英努力为他们提供最优质的服务。人到中年的李阿姨，十多年来出门都是坐公交车，她亲眼目睹了邓红英许许多多平凡却感人的事迹：主动搀扶老人、残疾人上下车，帮助他们找座位，帮农村来的乘客提包，为外地来的乘客指路，等等。柳州市锌品厂退休工人周玉仙老人在给公交公司寄来的感谢信中说道："我乘坐19路车的次数最多，对于3308车的0809号邓红英司机的印象特别深，我们坐她的车感到心情特别舒畅。"

工欲善其事，必先利其器。邓红英为提高驾驶维修技术，与同车组的驾驶员熊秀西一道展开了学技术的竞赛，以此提高整个车组的驾驶维修水平。她亲自钻车底，清洗油箱、调修油电路，如今，她驾驶的3308号车的技术状况是全站最好的车辆之一。

　　19路是全国"青年文明号"线路，沿途经过四大公园、市政府机关和繁华商业区。邓红英经常利用业余时间走访线路厂矿、机关、商业区和四大公园景点，努力当好乘客的"活地图"，并带领全线驾驶员学粤语、英语、哑语等语言，以便更好地为群众服务。1999年，她所在的19路线被团中央、建设部授予了全国"青年文明号"线路的至高荣誉。

第六章

文明行为养成

文明和礼仪是一个人素质的表现，懂文明、讲礼仪的人给人良好的印象，他人也愿与你相交。这样的人，不论你是否漂亮，在他人眼中都是优雅的人。

第一节　公共场所礼仪文明行为养成

本节讲述公共场所礼仪的含义与原则，并介绍在行进、交通工具、电影院、购物场所、图书馆等具体公共场所中的礼仪。

【案例】

世界赞叹中国"奥运热情"

"加油，加油！"北京奥运会期间，在北京及其周边的体育场、游泳馆和其他体育场馆里，到处都能听到这种令人愉悦的鼓励声。这是一种集体性的鼓励，为运动员每一个完成的动作、每一支射出的箭、每一次举起的重量……这就是奥运赛场的氛围，热烈而朴实。参加北京奥运会的各国运动员、观看比赛的观众和参与报道的媒体记者纷纷指出，中国人民体现出来的奥运热情令人难忘，观看比赛的中国观众充满善意、气氛热烈，这是国外友人对北京奥运会的"第一大满意"。

美国《华盛顿邮报》报道：在美中男篮比赛中，东道主球迷们给两队以同样热烈的欢呼。当中国队姚明投入一个三分球时，现场中国球迷为他欢呼雀跃，而当美国队科比灌篮成功时，他们也热烈鼓掌。该报还指出，中国观众的热情不仅限于对中国运动员，即便在一些没有中国运动员参加的比赛中，中国观众也是举止妥当，很有礼貌地鼓掌。

法新社报道说，2008年8月15日当天没有著名的中国运动员参赛，比赛也只是预赛，但"鸟巢"的七万多名中国观众仍然热情激昂，大喊"加油"，在获胜者的名字宣布时挥舞中国国旗。法新社指出，以高分贝喝彩、在奥运场馆中制造出激昂气氛的中国体育迷几乎赢得了全世界的赞赏。

一、公共场所礼仪的含义与原则

公共场所指的是可供社会成员进行各种活动的社会公用的公共活动空间，如

街头、巷尾、楼梯、走廊、公园、车站、码头、机场、商厦、卫生间、娱乐场所、邮政设施、交通工具。公共场合最显著的特点，是它的公用性和共享性。它为全体社会成员服务，是社会成员进行社会活动的处所。

公共场所礼仪，是在公共场所需要遵守的礼仪规范，反映了一定的社会公德，是人类文明程度的集中体现，更是社会和谐的综合展现。在社会交往中，良好的公共礼仪可以使人际之间的交往变得更加顺畅，更容易形成良好的人际关系，为社会公众创造一个高质量的生活环境，反之，不良的公共礼仪，会让身处此中的人们缺失信任，受累其中。

人是社会的人，除了个人生活、家庭生活之外，人们还别无选择地要置身于公共场合，参与社会生活。公共礼仪的基本内容，就是人们在公共场合与他人和睦相处、礼让包容的有关行为规范。学习、应用公共礼仪，应当掌握好以下三条基本原则：①遵守社会公德；②不妨碍他人；③以右为尊。

二、公共场所礼仪

公共场所礼仪需要我们注意生活中方方面面的细节，按照这些礼仪的规范处事，将是一个彬彬有礼的人；不按规范处事，那将是一个不知礼、不懂礼的人，也必然是一个不受欢迎的人。只有懂得相应的礼仪规则，在身处不同的公共场所时才能表现得体。

1. 行进礼仪

在行进过程中，应自尊自爱，以礼待人，自觉遵循有关礼仪规范，表现出自己良好的礼仪修养，具体地讲应注意以下细节。

（1）路上行进

① 要自觉走人行道，不要走车行道，还应自觉让出专用的盲道。无人行道时，应尽量走路边。

② 要按惯例自觉走在右侧一方，不可逆行左侧一方。

③ 要保持一定的速度，不要行动太慢，以免阻挡身后的人，不要在马路上停留、休息或与人长谈。

④ 要与其他人保持适当的距离。两人一起走路时，不要把手搭在对方肩

上；走廊内不要多人并排同行；在马路上不要多人携手并肩行走，造成堵路。

⑤ 在行走时，应体现"女士优先"的原则，男士应礼让女士进出大门和走廊；上下车时，男士不应抢在女士前面。

（2）上下楼梯

① 上下楼梯均应靠右单行行走，不应多人或并排行走。

② 为人带路上下楼梯时，应走在前面。

③ 上下楼梯时不应进行交谈，更不应站在楼梯上或楼梯拐弯处进行深谈，以免妨碍他人通过。

④ 男性与长者、异性一起上下楼梯时，如果楼梯过陡，应主动走在前面，以防对方有闪失。

⑤ 上下楼梯时，既要注意楼梯，又要注意与身前、身后的人保持一定距离，以防碰撞。

⑥ 上下楼梯时，不管自己有多么急的事情，都不应推挤他人，也不要快速奔跑。

【案例】

请走人行横道

小王是某公司员工，快过节了，公司发了一箱饮料，虽然不重但体积很大，提在手上不是件轻松的事。小王要过马路去坐车，马路中间用隔离护栏分开了，有两处地方可以通过马路，那里有一小段没有隔离护栏。一般情况下，小王都是在没有隔离护栏的正面垂直通过马路，但是今天，小王看到远处马上就有汽车驶来，如果走到没有隔离护栏的正面时，汽车刚好就过来了，那样就得等很长时间才能通过马路。于是小王就想从马路上斜着走过去，但当他走到马路中间时，一名警察制止了他，告诉他应该走斑马线，而且一定要他回去重新走一次。没办法，小王只好回到马路边上，这样一来，小王不但没有节省时间，反而更浪费了时间。

分析：小王的行为有哪些安全隐患？如果你是小王，你会怎么做？

2. 乘电梯礼仪

（1）注意安全

电梯关门时，不要扒门，不要强行挤人。在电梯人数超载时，不要强行进入。

（2）注意秩序

① 等电梯时，先按一下电梯口的上下按钮，然后站到电梯的一侧。

② 电梯到达后，应先出后进，不要争先恐后，要遵循"尊者为先"的原则，晚辈礼让长辈，男士礼让女士，职位低者礼让职位高者。如果与尊长、女士、客人同乘电梯，要视电梯类别尽量把无控制按钮的一侧让给尊长者和女士。

③ 在商场、机场或娱乐场所乘自动扶梯，一般应站在原地顺其行进方向上下，并自觉靠向右侧，给有急事的人留出一条通道。

（3）主动服务

乘电梯时，即便电梯中的人都互不认识，站在开关处的人应主动做好开关电梯门的服务工作。

3. 乘交通工具礼仪

交通已经成为现代社会人们日常生活的重要组成部分。无论乘坐轿车、公共汽车，还是乘坐火车、轮船、飞机，都应遵守一定的礼仪规范。

（1）乘坐轿车

在乘坐轿车时，应遵守乘车礼仪，并注意以下细节。

① 乘坐轿车应遵循客人为尊、长者为尊、女士为尊的礼仪规则。

• 在正式场合，乘坐轿车应分清座位的主次，找准自己的位置，而在非正式场合则不必过分拘礼。

• 有专职司机驾车时，其排位自高而低依次为后排右座、后排左座、后排中座、副驾驶座，此时后排的位置应当让尊长坐。

• 当主人亲自开车时，副驾驶座不能空着，则应把副驾驶座让给尊长，其余的人坐后排。由先生驾驶私家轿车时，则其夫人一般应坐在副驾驶座上。

• 吉普车前排副驾驶座为上座，其他座次由尊而卑依次为：后排右座、后排左座。四排座及以上的中型或大型轿车排位，应由前而后，由右而左，依距离前门远近排定。

② 上车时，驾车人应将车子开到客人跟前，下车帮客人打开车门，站在客人身后请其先上车。若客人中有长辈，还应扶持其先上，自己后上车。另外，关

门时切忌用力过猛。

③ 下车时，主人或工作人员应先下，帮助客人打开车门，迎候客人或长者下车。

④ 夫妇二人被主人驾车送回家时，最好有一人坐在副驾驶座位上，与主人相伴，而不要双双坐在后排。

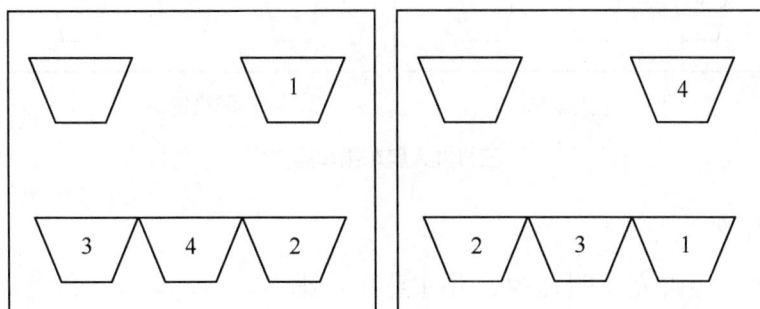

双排五人座车乘车座次

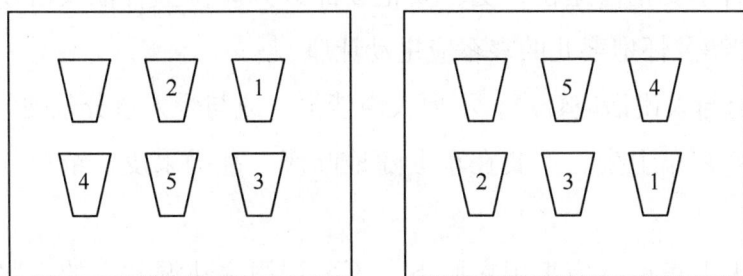

主人驾车　　　司机驾车

双排六人座车乘车座次

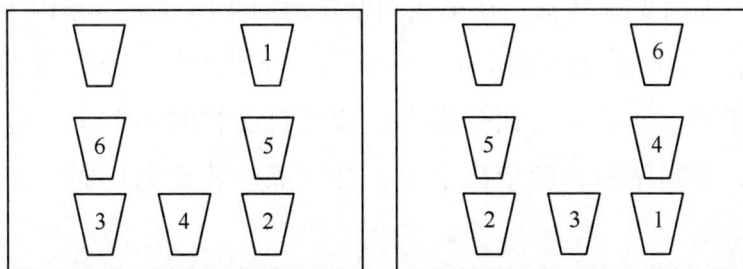

主人驾车　　　司机驾车

双排七人座车乘车座次

主人驾车　　　司机驾车

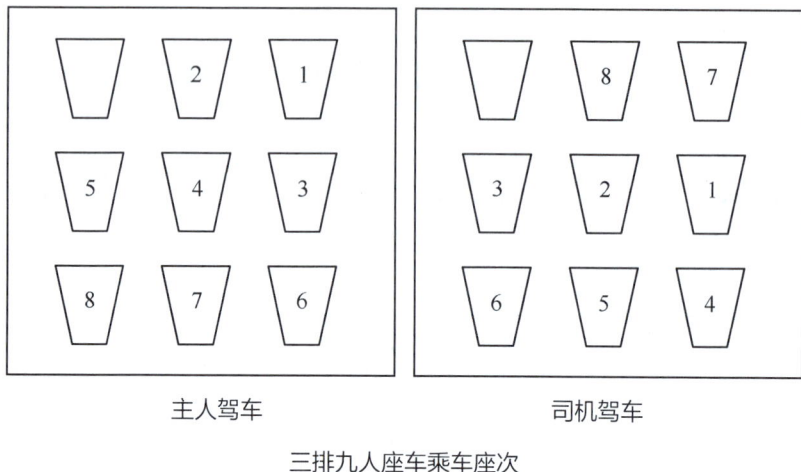

主人驾车　　　　　　　　司机驾车

三排九人座车乘车座次

（2）乘坐公交车

乘坐公交车应讲究文明礼貌，并注意以下细节。

① 候车应按先来后到的顺序在站台上排队，车辆进站，应等车停稳后依次上车，对妇女、儿童、老年人及病残者要照顾谦让。

② 上车后不要抢占座位，更不要把物品放到座位上替他人占座。遇到老、弱、病、残、孕及怀抱婴儿的乘客应主动让座。

③ 在车上与人说话应轻声，不要大声谈笑，或与爱人过分亲昵。

④ 应讲究乘车卫生，不要在车上随地吐痰、乱扔果皮、纸屑；禁止在车上吸烟。

⑤ 下雨天上车后，应把雨衣脱下，不要让雨水沾湿他人的衣服；雨伞要伞尖朝下放置好。拎着鱼、肉或湿东西上车时，应事先把东西包好，以免蹭脏他人的衣服。

⑥ 下车应提前做好准备，在车辆到站之前向车门靠近。车内十分拥挤时，需要他人让路，应有礼貌地请前面的乘客让一下或调换一下位置。在调换过程中，动作要和缓，注意不要拥挤别人。如果自己暂时不下车，应主动为下车的乘客让路。车到站后，应依次下车，并应照顾礼让老、弱、病、残、孕和儿童。

（3）乘坐火车

乘坐火车时应自觉遵循乘车礼仪，并注意以下细节。

① 候车时应自觉遵守公共卫生，要保持安静，不要大声喧哗，不要随地吐

痰，不要乱扔废物，检票时排队依次前行，不要拥挤、推搡。

②　上车后不要见有空座位就坐，甚至抢座。若未持有座票，就座前应礼貌地征求邻座的同意后再坐。

③　使用行李架时，应相互照顾，不要独占太多的空间，不要粗暴地将自己的行李放在他人行李上；当移动他人行李时应征得同意；往行李架上放行李时，不要穿鞋直接踩踏座位，行李安放好后，应礼貌地向邻座的乘客打招呼点头示意。

④　坐定后，待时机成熟时再与邻座交谈。在交谈时，不要打听对方隐私，不要冒失地索要对方地址、电话，也不要旁若无人地嬉笑打闹。

⑤　在卧铺车厢，不要盯视他人的睡前准备和睡相，自己脱衣就寝时应背对其他乘客。

⑥　当乘务员来打扫卫生和提供其他旅途服务时，应主动予以配合，提供方便并表示谢意，必要时应给予帮助。

⑦　当看到不良行为、不法行为时，要协助乘警、乘务员制止、抵制不法行为。

（4）乘坐轮船

在乘船时，应自觉遵守乘船礼仪并注意以下细节。

①　上下船时，应按先后次序排队，不要拥挤、加塞儿。与长者、女士、孩子一起时应请他们走在前面，或者以手相扶，必要时应给予照顾和帮助。

②　在上下船时应注意安全，走跳板或小船时，不要乱蹦乱跳，要小心翼翼，不要去不宜前往的地方，如轮机舱、救生艇以及桅杆之上；不要一个人在甲板上徘徊；不要擅自下水游泳。乘船时不得随意携带易爆品、易燃品、易腐蚀物品、枪支弹药、腐烂性物品、家畜、动物以及其他一些违禁品。

③　登船时应自觉接受有关人员对人体和行李的安全检查，要积极配合，不要加以非议给予拒绝。

④　乘船时应对号入座。若自己买的是不对号的散席船票要听从船员的指挥、安排，不要随意挪动或选择地方。

⑤　应自觉遵守公共卫生，要保持安静，不要大声喧哗，不要随地吐痰，不要乱扔废物。与他人同住一个客舱时，不要吸烟。

⑥ 若自己周围有人晕船、生病，应给予力所能及的帮助，不应对其另眼看待或是退避三舍。

⑦ 乘船旅途中若发生了难以预料的天灾人祸，要听从指挥，尽心尽力地先救助其他人，不要惊慌失措，夺路而逃。

（5）乘坐飞机

在乘坐飞机时，应自觉遵守乘机礼仪，并注意以下细节。

① 当上下飞机时，空中小姐站在机舱的门口迎送，并热情问候乘客，应向她们点头致意或问好。

② 登机后应对号入座。不要随地吐痰，不能在飞机上吸烟。在机舱内谈话声音不可过高，尤其是其他乘客闭目养神或阅读书报时，不要喧哗。

③ 对所有人，不论民族和种族，都应一视同仁，以礼相待。如果其他乘客主动向你打招呼或想找你攀谈，若非十分疲倦，应当友好地应对。若你打算休息一下而不想交谈，则应向对方说明并表示歉意。

④ 遇到班机误点或临时改降、迫降在机场，不要惊慌失措，而要保持镇静，并积极与机场或乘务人员配合。

⑤ 下飞机后找不到行李，不要着急，应请机场管理人员协助查找。即使行李丢失，航空公司也会照章赔偿。

4. 影剧院礼仪

在剧场、影院、音乐厅等，应自觉遵守有关礼仪，注意以下细节。

① 观看文艺演出和高雅高规格的演出，应做到仪表整洁得体。男士穿着西装和礼服，女士也应着正规套装或礼服。

② 不论陪同领导或贵宾，还是个人观看演出，都应自觉遵守剧场规则。如是专场演出，一般由普通观众先入场，嘉宾在开幕前由主人陪同入场，此时，其他观众应有礼貌地起立鼓掌表示欢迎。

③ 观看演出时，应提前入场，不应迟到。如果有事迟到了，最好在幕间休息时入场。如果是看电影，应跟随服务员悄然入场，并尽可能地放轻脚步，通过让座者时应与之正面相对，切勿让自己的臀部正对着他人，同时向被打扰的周围观众轻声致歉，对起身礼让的观众致谢。

④ 入座后，戴帽的应脱帽，不要左右晃动身体，以免影响他人的视线，同时，也不应把身旁的两个扶手都占用了，因为你身边的人也有权使用它。

⑤ 在演出进行中，不可抽烟，不可随地吐痰、乱扔果皮杂物；吃东西时，应尽量不发出响声；携带手机的应将其关闭；如有规定不能摄影，则应按规定行事；与恋人一起观看演出时，不应有过分亲昵的举动。

⑥ 当演出到精彩之处时，可以通过鼓掌、喝彩等形式向演员表示敬意。但应注意把握好分寸。不宜用吹口哨、怪叫、踩脚等方式宣泄情感。若演出中出现一些故障或特殊情况，应采取谅解的态度，不应喧闹、怪叫、喝倒彩。

⑦ 演出未结束，若有急事中途退场，应轻声离座，并尽可能地利用幕间退出。否则既影响他人观赏，也是对演员的不尊重。演出快结束时，不能为抢先出场而离座，应在演出结束后退场。

⑧ 给演员献花，应选择适当的机会和时间，一般在演出结束或演员谢幕时为好。请自己喜爱的演员签名，也应分场合和情况，缠住演员不放是很失礼的行为。

⑨ 演出结束后，观众应起立向演员热烈鼓掌，对他们的劳动和精彩演出表示感谢。在演员谢幕前便匆忙离去是对演员不礼貌的行为。如有贵宾在场，一般应待贵宾退席后再有秩序地离开，不应推搡。

【案例】

电影开始前，大家陆陆续续就座了。忽然后面有个女人说："哎呀，好像不戴3D眼镜看起来也一样嘛！3D眼镜好像没什么用嘛！"声音还很大，很聒噪。电影开始了之后，大家陆陆续续聊了一会儿，终于因为剧情吸引人而安静下来。

接着，中间不停有人手机在响，然后很招摇地接手机。周围几排的人都能听见他们在聊自己的事情。

电影终于快结束了。大家也开始骚动起来，都等不及电影结束再发表自己的感想。

请分析案例中哪些行为有失公共礼仪。

5. 体育比赛礼仪

作为学生，不论在参加体育比赛，还是观看体育比赛时，都应自觉遵守赛场秩序，遵守有关礼仪，注意以下细节。

（1）参赛者

参赛者应严格遵守体育比赛的有关规定，自觉遵守赛场秩序，不允许冒名顶替，弄虚作假。应自觉尊重裁判、服从裁判，即使裁判有误，也应按有关程序反映，不应在赛场大喊大叫，发生争吵。应充分发扬友谊第一、比赛第二的体育道德精神。不论是输还是赢，都应把比赛对手当成朋友。还应善待热心观众，支持记者工作。

（2）观众

观众在观看比赛时，应自觉遵守赛场秩序，拥戴偶像应适度，宣泄情感应文明。为运动员加油助威的标语口号内容应健康，对本方的运动员和另一方运动员都应加油助威，对精彩表演都应掌声鼓励。

6. 就诊礼仪

在医院这种特殊的场所，无论是门诊检查还是住院治疗，学生应讲究文明，自觉遵守有关礼仪，注意以下细节。

在门诊看病应排队挂号。如有特殊情况需马上急诊，应向在前面等候的人说明原因，求得谅解和同意。不要在候诊室里喧哗吵闹、随意走动、大声呻吟、吸烟、随地吐痰、乱丢杂物等。

在就医的过程中，应尊重和信任医生，如对医生的诊断有怀疑，可委婉礼貌地向医生说明原因，请医生再做考虑。如果自己认为医生对疾病做了不当处理，应认真询问处理依据。即使确认属于医生的责任事故，也不可纠集亲友聚众滋事，而应通过正当的途径来解决问题。

7. 购物礼仪

购物是我们生活中极为普通的事情，在购物的过程中，应注意自己的举止，自觉遵守有关礼仪，注意以下细节。

① 在购买东西时应礼貌客气，当需要营业员提供服务时，应礼貌客气地提出请求，不应用命令的语气说话，更不可盛气凌人。

② 在挑选商品时，应该事先考虑一下，不应在选购时过分挑剔、换来换去，如由于某些原因需要调换已买好的商品，应耐心地向营业员说明原因。如理由正当而遭拒绝，可向商店领导反映，不应与营业员争吵。

③ 在需要排队购物的地方，不能插队，对于老、弱、病、残及妇女儿童应有礼让精神。在离开柜台时，对营业员所提供的服务应表示谢意。

到自选商场购物，可随意挑选自己满意的商品。没选中的应放回原处，不应乱放。选好商品以后，将其放在商场提供的容器里，主动到出口处付款。

8. 游园礼仪

游园是一种常见的休闲形式，学生在游园时应讲究社会公德，遵守有关游园礼仪，并注意以下细节。

① 游园是一种休闲活动，着装应以休闲装为主，可穿着牛仔服、运动服、夹克衫等服装，还可以穿背心、短裤，戴上棒球帽、太阳镜等。不应西装革履，与游园的轻松气氛不协调。

② 在游园时，所穿的鞋既应时髦、漂亮，又得合脚、轻软、防扎、防水、防滑，穿旅游鞋最佳，不宜穿皮鞋，尤其是高跟皮鞋。

③ 在游园时，在装饰上应当淡妆、简饰，也可以不化妆，不佩戴饰物。假如有必要进行一些修饰，也应化淡妆，并以少用饰物为宜。

④ 在参加娱乐活动时，应当自觉排队，讲究先来后到，服从工作人员的管理，不应一拥而上，给他人增添麻烦。

⑤ 在拍照、摄像时应避免与其他人为争抢好位置、好角度而发生不快。应当相互谦让，按照先后次序进行。不能争路先行或争抢拍照景点，对文物建筑等要求不准拍照或不得使用闪光灯时，应严格遵守其规定。不应进入"请勿入内"的草地或鲜花丛中拍照，也不应到危险或不宜攀登的地方照相。合影时，如需他人帮忙，应礼貌地提出请求并表示谢意。

⑥ 在游园时，若有人向自己微笑、打招呼，应立即予以回应，不可不予理睬。不应尾随他人，或是悄悄旁听其他人的介绍与交谈。

⑦ 在公园进行练歌、唱戏、跳舞等活动时，应尽量避免干扰其他人。与恋人或家人一起游园时，应注意公共道德。恋人或夫妻不能表现得过分亲昵，对于自己的孩子，也应严加管束。

⑧ 在游园时，对文物古迹应倍加爱惜，不应乱写、乱刻、乱画；对公共设施和树木花草应爱护，不应随意在树木雕塑建筑上攀高、乱摸、乱碰，肆意践踏

破坏；对园林里放养的珍禽异兽，不应进行抓捕、恐吓。

⑨ 公园和其他一些旅游景点所设置的长椅长凳，是供游人短暂休息用的，不可只顾自己，不能一个人长时间占用。许多公园的儿童游艺场，是专为儿童设计的，应注意爱护，成年人不可去玩，以防损坏。

⑩ 游园时应自觉保护环境卫生。不应随地吐痰，不乱扔果皮、纸屑、烟蒂、塑料袋、包装盒、易拉罐、饮料瓶等。不准随地大、小便，对于自己所带的儿童，也应教育其大、小便进卫生间，绝不能任其到处随意"方便"。

第二节 日常社交礼仪文明行为养成

社交礼仪就是人们在各类社交场合、各种社交活动中应遵循的人际交往礼仪。不同的社交活动有不同的主题和内容，对人们的行为也有着不同的要求。学习和掌握各类社交礼仪，能帮助人们顺利地进入社交圈，在社交活动中得心应手、游刃有余地应对各种人际往来、处理各种人际关系。

一、介绍、会面与交谈

1. 介绍礼仪

介绍是初次见面的人在社交活动中互相认识、互相沟通的基本方式。介绍不但能缩短人与人之间的距离，扩大人的交际范围，还有助于人们进行自我宣传，消除人际交往中不必要的麻烦。因而，学习介绍礼仪对每个社会成员而言都非常重要。

（1）自我介绍

自我介绍是社交活动中常见的一种介绍方式。俗话说，第一印象是金，能否将自己成功地介绍出去，在很大程度上关系着社交活动能否成功地进行。

掌握自我介绍的相关礼仪，能帮助人们更好地开展人际交往，站稳人际沟通的起点。

① 自我介绍的内容。自我介绍的内容应具备"三要素"，即自己的姓名、工作（学习）单位和身份。当然，不同的社交场合对自我介绍的要求不同，人们应根据具体情况，酌情增减介绍的内容。例如，在旅途、舞会这些一般性的社交场合，只需介绍自己的名字即可，不用把自己的详细情况告诉他人；若是工作场合中向他人介绍自己，则最好在三要素之外加上工作部门、职务等内容，以便别人对你有所了解；若是在应聘、面试时进行自我介绍，则还应介绍一下自己的学历、特长、性格以及工作经验等，以便给招聘人员留下印象。

② 自我介绍的时机。自我介绍的时机可分多种，例如，在聚会中遇到早有所闻却一直无法得见的某位人士，在无人介绍的情况下可上前自我介绍；或者在某些社交场合需要同他人相互了解、打破彼此的陌生感，也可进行自我介绍；有时，他人想结识你而做了自我介绍，出于礼貌，你也因相应地介绍自己，表现出对他人的好感；另外，进行诸如业务接洽、初次拜访、求职、讲演等这类社交活动时，也应做自我介绍。

③ 自我介绍的方式。自我介绍的方式多种多样，可以主动地介绍自己，例如："您好，我是××公司的×××，很高兴认识您。"也可被动地介绍自己，例如先婉转地询问对方："这位女士，您好。不知该怎样称呼您？"等对方回答后，再顺水推舟地介绍自己。当然，自我介绍时可根据当时的气氛，生动地对自己加以介绍，以让对方留下深刻的印象。

④ 自我介绍时名片的使用。在商务活动或某些正式场合，可使用名片进行自我介绍，例如："您好，我是×××，这是我的名片，请笑纳。"使用名片介绍自己，可使他人更好地了解自己的身份地位而免去自己开口介绍的尴尬。

递送名片有相关的注意事项：名片应事先放在上衣口袋或专用的名片夹内，不要随便乱放乱塞，以免用时到处翻找，给人留下不好的印象；递送时，最好双手拿住名片的两边，正面向上，递给他人，不要用左手递名片，也不要让名片背面朝上或是倒着字递给他人。

⑤ 自我介绍的注意事项。自我介绍不宜过于冗长，一般应控制在半分钟之

内，在特殊情况下也不能超过三分钟，除非对方有进一步了解的意愿，否则不宜说得过多。介绍时不要紧张，说话要有条理，语速应适中，最忌讳语速过快或是语无伦次，令他人觉得不知所云。

（2）他人介绍

他人介绍就是由第三者向彼此不认识的双方进行相互介绍，所以又称第三者介绍。他人介绍可避免自我介绍时的紧张与不安，是一种社交性很强的介绍方式。

① 他人介绍的顺序。他人介绍的顺序应遵从一个总原则，即应先向位尊者介绍位卑者。具体的顺序是：先向女士介绍男士，例如："王女士，我来给你介绍一下，这是我的朋友张先生。"先向年长者介绍年轻者，例如："陈叔叔，这是我的同事××。"先向已婚女子介绍未婚女子，例如："张太太，让我给你介绍一下李小姐。"先向职位高者介绍职位低者，例如："王经理，这是业务部的工作人员小陈。"在介绍家庭成员给他人认识时，出于谦虚，可先介绍家庭成员，例如："李先生，让我介绍我的妻子给你认识。"

② 他人介绍的内容。介绍他人时，应根据所在的社交场合对介绍内容进行选择。例如，在一般性的社交场合为他人做介绍，只需通报双方的姓名；若在比较正式的场合为某人做引荐式的介绍，则还应说明被介绍者的身份及地位，或有意识地突出其优点，例如："张伯伯，我来为您介绍一下我的同事××。他现在是我们公司财务部的负责人。"或"张伯伯，这是我常跟您提的××，在所有的同学中就数他文笔最好。"

③ 他人介绍的注意事项。为他人做介绍时，介绍人的口齿要清晰，用语要简明扼要，以方便被介绍的双方能听清听明；不要记错或说错他人的名字，尤其是某些较生僻的姓和复姓，比如"阚"（读作"看"）、"夏侯"、"万俟"（读作"莫其"），不要读错、漏读，以免让被介绍者难堪；介绍他人时也不要过于夸大事实，应掌握好分寸；在正式场合下介绍他人时，不要手舞足蹈，或是用手拍打、搂抱被介绍者的肩、背，也不能用手指指着被介绍者，应用手掌轻轻示意；另外，介绍时还可说明介绍者与自己的关系，拉近被介绍者的距离。

（3）集体介绍

集体介绍即同时对许多人进行介绍，它是他人介绍的一种特殊形式，一般用在大型的社交活动中。集体介绍的原则大体上可遵从他人介绍，但也有一些特殊点需要重视。

① 若被介绍的双方身份、地位大致相同，则应先向人数较多的一方介绍人数少的一方。

② 若被介绍的双方身份、地位相差悬殊时，不管双方人数是否相等，应先向身份高、地位高的一方介绍身份低、地位低的一方，即使身份高、地位高的一方只有一人。

③ 若双方人数相当，应先向位尊的一方介绍位卑的一方。

④ 若需要介绍的不止双方而是多方，则应按各方的尊卑顺序由尊到卑一一进行介绍。

⑤ 介绍某一方成员时，也应按照由尊到卑的顺序，依次介绍。

2. 会面礼仪

会面礼仪是指人们彼此见面时应行的礼仪。最常见的会面礼就是握手，除此之外还有点头、鞠躬、拥抱、亲吻等，不同的国家和地区有所不同。掌握各种会面礼仪，能帮助人们在不同的场合、不同的地域表现得体、广受欢迎。

（1）握手礼

握手礼源于原始社会，相传当时的人们见面时，为向对方表示自己的友好、消除对方的戒心，就放下手中的武器，伸开手掌让对方抚摸手心。这种原始社会的摸手礼沿袭演变下来，就成了今天在世界上许多国家都通用的握手礼。

① 握手的顺序。在正式场合中，握手也应讲究先后顺序。一般应由位尊者首先伸手，然后位卑者予以响应，这就是握手礼的"尊者决定"原则；若位尊者没有握手的意愿，位卑者不能抢先伸手。

可先伸手的人包括：女士、长辈、职位高者、已婚人士、主人、官方人士等，男士、晚辈、职位低者、未婚人士、宾客、非官方人士等是被动响应的一方。

② 握手的注意事项。握手应伸右手，握手的力度要适中，不要过轻，以免显得缺乏热情，但也不宜过大；握手的时间不宜过长，应控制在三秒以内。与异性及初识者握手时，用力还可稍小；握女士的手时，轻轻握住手指部位即可，不

要深握久握。握手时，应面带微笑地注视对方，目光不要游移，表情不可僵硬冷淡；与长者及位尊者握手时，为表示自己的敬意，幼者及位卑者应微微欠身。如果手脏不便握手，应向对方说明并表示抱歉。

③ 握手的禁忌。除非右手受伤或是照顾残障人士，握手一般不要伸左手；除了在一定的场合，女士一般不要戴着手套与人握手；他人与你握手时，应立即伸手响应，不要慢慢地伸手，更不要拒绝握手；与人握手后不要立即擦拭手掌。

【小故事】

说法一：战乱期间，骑士们除两只眼睛外，全身都包裹在盔甲中，随时准备发起攻击。如果表示友好，就会互相走近并脱去右手的甲胄，伸出右手，表示没有武器，互相握手言好。后来，这种友好的表示方式逐渐流传到民间，演变成了今天的握手礼。现代社会握手礼的礼仪也要求不戴手套，以示对对方的尊重。

说法二：远古时代，以狩猎为生的人们遇到素不相识的人时，会扔掉手中的狩猎工具、摊开手掌示意对方表示友好。随后渐渐演变，武士们为了表示友谊，会互相摸一下对方的手掌，表示手中没有武器，不再互相争斗。随着时间的推移，逐渐形成了现在的握手礼。

说法三：原始人居住在山洞，打仗时使用棍棒做武器。后来他们为了消除敌意，结为朋友，见面时先扔掉手中棍棒，然后再挥挥手，经过演变，变成现在的握手礼。

（2）点头礼

点头礼是一种通过点头的动作进行相互问候的礼节，也是人们会面时常用的礼仪。一般而言，点头礼适合相识的双方远距离使用；或是在同一场合与某位相识者多次见面时使用；或是在关系不熟的相识者之间使用。

行点头礼时，一般不要戴着帽子，以防低头时帽子滑落；点头时速度不要过快，幅度也不要过大，应面带微笑地将头部轻轻往下一点；别人向你行点头礼时，应马上点头回应，不要置之不理；如果与他人相隔较远，行点头礼时最好挥手配合一下，方便对方看到。

（3）鞠躬礼

鞠躬礼即弯身礼，是一种对他人表示尊敬的礼节。鞠躬礼在日本、韩国、朝鲜等国家比较常用，在我国一般只用于庆典、演出、演讲、领奖等活动。

　　鞠躬礼一般分为两种，一种是一鞠躬，即身体向前弯15°～90°，然后恢复原样；另一种是三鞠躬，即身体先前弯90°，然后恢复原样，如此进行三次。一鞠躬可适用各种社交场合，三鞠躬则是最敬礼，一般在悼念、婚礼等仪式中才使用。

　　行鞠躬礼时要脱帽，双腿站直，身体向前倾斜。男士行鞠躬礼时双手应放在两腿外侧的裤线处，女士则应将双手搭放在腹前。身体向前弯下的幅度，应视鞠躬的对象和场合而定：一般性的问候身体前屈15°即可；若表示诚恳或尊敬，前屈30°～45°；表示最崇敬或最抱歉时，可前屈90°。

　　（4）合十礼

　　合十礼又称合掌礼，属于佛教礼节的一种，通行于东南亚及南亚信奉佛教的国家与地区，我国的傣族聚居地也用合十礼。

　　合十礼可分为跪合十礼、蹲合十礼、站合十礼三类。跪礼多用于拜佛；蹲礼多用于佛教国家的人拜见父母师长；站礼则适用于一般的社交场合。行礼时，两手于胸前相对合拢，十指并拢向上，掌尖和鼻尖基本齐平，手掌向外倾斜，头略低，上身向前微倾。

　　（5）拥抱礼

　　拥抱礼是一种流行于欧美国家的见面礼节，一般多与亲吻礼同时进行。

　　在正式的场合行拥抱礼时，两人应相对而立，各自左臂偏下，右臂偏上，右手环搭在对方的左后肩，左手环扶住对方的右后腰，彼此将身体向左倾拥抱，然后再向右倾拥抱，最后再做一次左倾拥抱。在一般场合行拥抱礼不必如此讲究，相抱一次即可。

　　（6）亲吻礼

　　亲吻礼是一种源于古代的礼节，据文字记载，在公元前的罗马与印度已有公开的亲吻礼。在当代，亲吻礼多见于西方及阿拉伯国家，人们通常用此礼来表达爱情、友情或尊敬。

　　行亲吻礼应根据亲吻对象的身份而选择相互亲吻的部位。一般而言，夫妻、恋人或情人之间，可以吻唇；长辈与晚辈之间，宜吻脸颊或额头；平辈之间，互贴面颊即可。在公开场合，关系亲密的女子之间可以吻脸，男女之间则是贴面，长辈可以吻晚辈的额头，男子可以吻尊贵女子的手指或手背。在亲吻礼最盛行的

法国，不仅在男女之间，而且在男子之间也多行此礼。法国男子亲吻时，常常左右脸颊各吻一次。

3. 交谈礼仪

在人际交往中，介绍与会面之后紧跟着就是交谈。作为人际交往的重要方式，人们在交谈中相互传递信息、交流思想、增进了解、建立感情。可以说，交谈是人际往来中最为重要的一部分，掌握交谈的礼仪与技巧对于每个社会人而言都有着非同小可的意义。

（1）交谈的话题

话题的选择是人们交谈中首先面对的问题。一个好的话题，是交谈双方纵情畅谈的基础，也是人与人之间加深了解、增进感情的钥匙。选择话题，可从以下几点入手。

① 约定的话题。约定的话题是指交谈双方在交谈之前定好的话题。在这类谈话中，人们是有目的地进行交谈，希望通过谈话获取某些信息、解决某些问题、征得某些意见、了解某些情况。如果交谈双方已有定好的话题，则应在见面寒暄之后直接进入主题，不要东拉西扯、言不及义。一般而言，需要获得帮助的一方应在交谈前准备一些问题，便于双方深入交谈。

② 感兴趣的话题。交谈的一方可根据自己与另一方的兴趣选择话题，若知道对方喜好的内容，可直接就其感兴趣的话题进行交谈，若不知道对方喜欢什么，则可根据经验选择对方可能会喜欢的话题。一般而言，年轻人都对流行音乐、体育比赛、数码产品等话题感兴趣，而年长者则对健身、饮食等话题较为熟悉；男人一般比较关注事业、国家大事，而女人则比较关心家庭、孩子、服装、物价等；个性内向、不喜走动的人可能会对文学、电影有研究，而个性开朗、喜欢外出的人多半对旅游、玩乐感兴趣。根据不同的人选择不同的话题，能使谈话活动进行得更为顺利。

③ 时尚的话题。选择时尚的话题就是将正在流行的事物、正在进行的事件作为交谈的对象。这类话题常会跟着时间的变化而变化，因而谈论的前提是自己对其有所了解，不要没弄清就谈，也不要把已经过时的事当作新鲜事来讲。例如，2006年至2007年的流行时尚是复古，交谈就应扣住复古这一主题，不要张冠

李戴地拿2004年、2005年的民族风来谈论。

④ 轻松的话题。轻松的话题是指能令人心情愉快、身心放松的话题，主要包括休闲娱乐、饮食文化、电影电视、美容美发、旅游见闻、朋友趣事等。这类话题应在较轻松的场合下交谈，比如同学聚会、同事聚餐、生日派对或旅行途中。

（2）交谈时的仪态

交谈时的仪态是指与人交谈时的行为举止。符合礼仪规范的交谈仪态，不仅能让交谈的对方心情舒畅，使交谈愉快地进行，还能塑造自身形象，给人留下良好的印象。

① 距离。交谈距离是指人与人交谈时应保持的身体距离。与不同的人交谈所应保持的距离各不相同，如与刚认识的人交谈时应保持1.5米左右的间距；与熟人交谈相距1米为宜；若与关系亲密的好友或家人交谈时，距离应保持在0.5米以内。当然，交谈时还应根据具体的情况调整距离，比如有悄悄话要同熟人讲时，可以靠近一些，不必拘泥于1米的距离；与亲友交谈时，若出现生病或类似头发没有及时清洗的情况，就不宜靠得太近。

② 目光。与他人面对面交谈时，应正视对方的双眼，以表达自己的专注。凝视对方时，目光要柔和、自然、友善，千万不要紧盯着对方，以免让人觉得有压力。当然，根据交谈对象及交谈内容的不同，可在目光中加入其他情感色彩，比如与朋友交谈时，目光应诚恳；与爱人交谈时，目光要充满温情；与长辈谈话时，目光中应适时地带入崇敬之情；与孩子谈话时，目光中应流露出关爱；与生病的人交谈时，目光要充满关切之情；与遭遇不幸的人交谈时，目光中应流露出同情。适时的目光能很好地拉近交谈双方的距离，方便彼此交流。

③ 动作。与人交谈时，可以适时地加入一些手势、动作等来加强感染力，如用点头表示赞同，用摇手表示否定，用耸肩表示不置可否，用撇嘴表示不满。但要注意，用手势时不要幅度过大，以免打伤他人。另外，有一些小动作应尽量避免，比如交谈时不停地咬手指、摆弄衣角、抖腿、耍头发等，这些小动作，会让人觉得你谈话不专心或对话题不感兴趣。

（3）交谈的技巧

交谈也有技巧。善于交谈的人，总能通过交谈得到他人的好感，成为他人关

注的中心。掌握交谈的技巧，能让人们获取最佳的交谈效果，在交谈中广交朋友、如愿以偿。

① 幽默风趣。交谈过程中，人们常会因彼此间意见的不一致而使谈话出现不和谐的因素，甚至因此产生争执。这时若采用针锋相对、以硬碰硬的方式进行交涉，很有可能使矛盾进一步激化，令交谈以失败而告终。幽默风趣的交谈技巧在这种场合下就显得非常重要。风趣的话语不仅能化解紧张尴尬的局面，而且能让对方感受到交谈者不一般的才智和情趣，往往能收到峰回路转的效果。当然，要运用这一技巧并不那么简单，交谈者的幽默应恰到好处，既风趣生动又入情入理，这样才能化解对方的心结，使人在轻松的心情下回心转意或是进一步寻求解决之道。如果幽默不到点子上，或是出现冷幽默、黑色幽默的现象，效果就会适得其反，令人没有进一步交谈的欲望。

② 含蓄委婉。含蓄委婉的交谈方式是另一种避免不快、避免争执的技巧与手段。与人交谈，尤其是熟人之外的交谈，应尽量避免用一些会令人不快的表达方式，比如直接地表达自己的意见和看法而不顾及对方的感受；谈话时用语过于主观极端而不容他人反驳。含蓄委婉的交谈技巧就是要人尽量避免这些交谈的误区，做到与人交谈时和和气气，令谈话顺利地进行下去。具体做法有：尽量避免使用一些武断偏激的词语，如"绝对""必然""只有""一定""非……不可""就要……不可"，而应使用"大概""好像""也许""在我看来""如果……最好"等带有商量口气的词语；若要否定他人的意见或拒绝他人时，也不要直截了当地进行，而应用先扬后抑的语句，即先肯定他人的意见，再委婉表达自己的看法，如可以说："你的意见我觉得挺好的，就是在××方面稍微有些欠缺，能修改一下更好。"或是"我也很想去，可是我最近实在太忙了，真可惜啊。"这样就会让人听着觉得不那么刺耳，并能体谅你的处境。当然，在某些需要表态的地方，太过委婉也不好，会让人觉得缺乏真情实意。

③ 掌握分寸。交谈的另一个技巧就是要掌握好分寸，把握好"度"。谈话同其他任何事都一样，要恰到好处，过犹不及，偏向哪边都不好。例如，交谈时不能一声不吭，也不能滔滔不绝，该讲的时候要勇于发表自己的意见，同他人交流自己的想法，该住口的时候就应住口，让他人表达见解；再比如，讲笑话、开玩笑也要把握好"度"，适时地讲几个笑话、开一下玩笑能活跃气氛，拉近人与

人之间的距离，但如果开玩笑开得过于随便，讲笑话时不顾及别人的情绪，就会走向事情的另一面，让人觉得你不严肃、不正经甚至觉得你心怀恶意、居心叵测。所以，掌握好分寸对于成功的交谈非常重要，在使用其他谈话技巧时也应牢牢遵循这一原则。

（4）交谈的注意事项

① 倾听。与人交谈时要注意倾听，就像俗话说得那样，"善言，能赢得听众；善听，才会赢得朋友"。善于倾听的人才能更好地了解交谈对方的思想和意图，使对方具有被尊重的感觉。

倾听时应做到：不要随便打断对方说话，不管对对方所说的内容是否赞同，都不能在其未说完前予以打断，发表自己的看法，这会中断别人的思路，使其无法说完原本想说的内容；也不要在对方讲话的过程中随便插话，若必须要打断一下，则应先致歉后插话，插话前应礼貌地询问："我能插一句话吗？"插话后应让对方继续，并可提一下之前打断的内容，如"刚才讲到×××了吧？请继续"。

倾听时可通过一些简短的提问，如"真的吗？""后来呢？"表示自己对对方的话题感兴趣，或不时地发出"嗯""哦"等应答声，表示自己一直在听。另外，也可做一些微笑、皱眉等表情，以配合对方谈话的内容，与对方不断做出交流。

② 慎言。与人交谈时用词要谨慎，在没想好前不宜长篇大论，冒冒失失地说一些未经思考、没有水准的话；也不要随便什么话都说，应尽量避开别人忌讳的话语或容易引起别人不快的话语，别人的创伤应尽量避免不谈，若不慎谈到也应立即道歉；另外，没听清别人的话或对别人的话没有完全理解时，不要随便接话，以免文不对题、言不及义，没听清、没听懂可以礼貌地再问一遍，这并不会让人觉得难堪，反倒是胡乱接话会令人生气。

③ 存异。人与人交谈时，肯定会因立场、处境的不同产生一些不一致的意见和想法。当出现这种现象时，最好的解决方法就是求同存异，各自保留意见，而不要强求一致。千万不能因观点的不同而与人抬杠、争执，也不可以势压人，强迫对方赞同自己。争强好胜不但不利于平等的交流，还会给人留下极差的印象，令人对你避而远之。

④ 观色。与人交谈还要学会察言观色，切实地照顾到对方的心情。若对方的脸上出现厌倦或心不在焉的表情，就说明对方对所谈的话题已失去兴趣，这时不妨换一个话题进行交谈。若对方坐立不安或不时看表，则说明对方还有事要办，这时就该主动结束交谈，方便对方进行其他活动。

二、舞会与沙龙

舞会和沙龙多是一种轻松愉快的社交场合。在舞会和沙龙中，人们可以广交朋友、联络感情、增进情谊，愉快地进行各种人际交往活动。学习和掌握相应的社交礼仪，能帮助人们在舞会和沙龙中如鱼得水、表现得体。

1. 舞会礼仪

在各种社交性的文体活动中，最受欢迎、最能带动人情绪的可能要算舞会了。参加舞会的人不仅能在舞会上欣赏音乐及各种美丽的舞姿，还能通过跳舞锻炼身体、放松心情、结交朋友。异性之间也能通过舞会自然而愉快地结识、交往。舞会在为人们提供各种美与快乐的享受时，也要求人们遵守相应的礼节与规范。

（1）舞会的类型

在现代社会，舞会已成为了一种大众娱乐的形式，类型多样且灵活多变。

① 根据举办场地的不同，可分为室内舞会和露天舞会；

② 根据举办时间的不同，可分为日常舞会和夜场舞会；

③ 根据举办规模的不同，可分为大型舞会和小型舞会；

④ 根据舞蹈形式的不同，可分为交谊舞舞会（华尔兹、探戈）、现代舞舞会（迪斯科、霹雳舞等）和国际标准舞会（以拉丁舞为主）；

⑤ 根据舞会参加人员的不同，可分为公众舞会和家庭舞会。

（2）舞会的组织

① 场地。舞会场地的选择应根据活动的目的及参加人数来定。若举办舞会是为了联络亲朋好友，那么可选择环境优雅的家居庭院；若是为了款待商务往来人员，则应选择中档水平以上的舞厅；如果参加的人数较多，则应选择比较宽敞的场地；若人数不多，则可选择大小适中的场地。

② 时间。一般，以娱乐性为主的舞会应选在周末或节假日举办；以应酬性为主的舞会（款待贵宾或进行庆典活动）应选在活动期间举办。另外，舞会持续的时间应控制在2～4小时之内，过短会令人无法尽兴，过长则会令人疲倦生厌。

③ 邀请人员。定下舞会的场地和时间后，就可邀请相关人士前来参加。如果是较正式的舞会，应提前三天左右发出请柬，在请柬上写明舞会的时间与地点。若举办的是公众舞会，那么邀请的男女数量应基本相等，以免男女比例失衡而影响舞会气氛。

④ 舞场的布置。舞会的准备工作还应包括舞场的布置。如果在家居庭院内举办舞会，则应在庭院四周摆放小圆桌和座椅，以方便来者休憩；音响设备、照明设备也要一应俱全。在舞厅内举办舞会，还可在舞厅前台挂上一些横幅，如"共度美好时光"。彩带和气球是舞场最佳的装饰品，组织者可根据舞场的环境进行装点。

（3）舞场的礼仪

① 着装。参加正式舞会，男士应西装革履，西装以黑色为宜，配黑色皮鞋，并要打好领带；女士一般应穿晚礼服，配同色系的高跟鞋，化上浓淡适宜的妆，选择能够凸显气质的发型，其他的佩饰，如项链、耳环、手袋、手包要同所穿的晚礼服相配，有些场合还应戴上丝质手套。如果参加的是一般的舞会，男女的着装要求可相应地降低，男士要衣装整洁，西装或衬衫都可以；女士可穿下摆宽松的裙装，配同色系的中高跟鞋，略施淡妆即可。但不能穿过于休闲或宽松的衣服，如牛仔裤、T恤、运动服、便服，一般也不要穿凉鞋或凉拖鞋。

② 邀舞及拒邀。在舞会上，一般都是由男士邀舞。邀请时，男士应主动走到女士面前，面带微笑地半鞠躬或点头，右手做出相请的手势，彬彬有礼地问："女士，可以请您跳舞吗？"如果想邀请的女士身边坐着亲友或男伴，则应先问其亲友或男伴："先生，我能请您身边的这位女士跳舞吗？"在征得对方同意后，再与女士共舞。

面对男士的邀请，女士可以答应或拒绝。答应时应面带微笑地将手递给男士，并轻声说谢谢。如果要拒绝，则应客气、礼貌地说："对不起，我想休息一下。"或"不好意思，我身体有些不适。"在某些特殊的情况，比如受到两位男

士的同时邀请，为了顾及双方，女士最好同时拒绝，以免令其中一人难堪。

女士一般不主动邀请男士跳舞，但有时需要请男性长辈或尊者跳舞时，可主动邀舞，并可不失身份地说："请您赏光。"男士一般不可拒绝女性的邀请。

③ 舞姿。男女共舞时应保持一定的距离，男士右手轻轻扶住女士的后腰，宜偏高不宜偏下，左手轻轻托起女士的右掌；女士应将左手轻搭在男士的右肩上。跳舞时，舞姿要标准，动作要协调，旋转时男士舞步一定要稳健，不要失去重心带晕舞伴；跳舞时可进行适当的交流，但一般应由男士开头。说话时脸不要靠得太近，也不要说个不停；如果女士不想说话时，也应礼貌地回应几句，不能一声不吭，让男伴觉得尴尬；如果不小心踩到了舞伴，应立即道歉并注意不再发生相同的情况。跳完一曲后，男士应将女士送回原位，并向女士道谢。

④ 其他注意事项。参加舞会还有其他应注意的事项，例如，女士在拒绝一位男士的邀舞后，不宜马上答应另一位男士的邀请；男士向某位女士邀舞时，其旁边的另一位女士会错意而站了起来，男士应将错就错地请其跳舞，而不能说"对不起，我邀请的是这位女士"这类的话；跳舞时，女士若突然眩晕或不适，男士应将其送回原座，若其同伴或亲友不在，男士还应留下照顾。

2. 沙龙礼仪

沙龙就是聚会，是法语"salon"的音译，其原意是上层人物住宅中的豪华会客室、客厅。从17世纪起，巴黎的名人，多半是名媛贵妇，就常把客厅变成著名的社交场所，邀请戏剧家、小说家、诗人、音乐家、画家、评论家、哲学家和政治家等前来参加。志趣相投的人会聚一堂，一边品着饮料、欣赏典雅的音乐，一边就共同感兴趣的问题进行长谈，无拘无束。久而久之，人们便把这种形式的聚会叫做"沙龙"。作为一种社交聚会，沙龙风靡于各国，受到全世界人民的普遍喜爱。

（1）沙龙的类型

在现代社会，沙龙的主题已不局限于进行文学艺术交流，而具有了多种多样的类型。

① 交际性沙龙。比较熟悉的朋友、同事、同学为保持联系、增进友谊而举

办的定期或不定期的聚会。这类沙龙一般都在家里或固定的公共场所，如在咖啡店、茶室等举行，参加的人聚在一起叙旧、聊天、交流信息等。

②　文艺性沙龙。由文艺界人士或文艺爱好者组成的娱乐性聚会。这类沙龙有时会有一个主题，比如蓝调音乐、抽象派画，供人们一起探讨、交流。

③　学术性沙龙。职业、专业、兴趣相同或相近的知识分子为互通有无而举办的学术性聚会。这类沙龙的主要内容是探讨学术及理论问题。

④　联谊性沙龙。相识或不相识的人为增进了解、加深认识而举办的聚会。这类沙龙参加的人可多可少，可三三两两聚在一起自由谈论。

⑤　综合性沙龙。参加人数较多，内容涉及多个方面、多种目的的聚会。这类沙龙的规模一般比较大，适合在大型的公共场所内举办。

（2）沙龙的礼仪

①　仪表整洁。参加沙龙的人应注意自己的仪容仪表，必要的修饰和打扮是必需的，不能过于随便。着装的标准是干净整洁，男士可着休闲西装，女士可着套装、休闲服等，没有必要穿得过于正式。

②　准时赴会。参加沙龙要准时或提早几分钟到达聚会场所，不要迟到，更不要爽约，如果临时有事不能前去，应及时通知主办者，并向主办者及其他人致歉。

③　举止文雅。沙龙是人们交谈、交流的场合，因而在沙龙上谈吐要文雅，举止要符合礼仪规范。发表个人观点时，不要哗众取宠、言之无味，应根据沙龙的主题发表有个性、有见解的观点，因而在参加诸如学术性、文艺性沙龙前最好有所准备。同时，在他人发表见解时不要随便打断或任意插话，认真倾听有助于彼此之间的学习和交流。与他人意见不同时，不要武断地否定他人的看法，应以商讨式的口吻进行探讨、交流，切忌因看法不同而争执、抬杠，破坏沙龙气氛。

参加沙龙时，不要一言不发或是做其他与沙龙主题无关的事，也不要不停地走进走出或是在沙龙上旁若无人地接打电话，影响其他人交流。

三、宴会礼仪

宴会是社交活动中常见的一种交际形式，其内容是邀请宾客宴饮。在宴会

中，人们团聚一堂，友好地进行人际交往，彼此间增进了解、联络感情。

作为一种社交性极强的交际形式，宴会被人们广泛地用于婚嫁、乔迁、祝寿、开业、聚友、过节、致谢等各类活动，与人们的工作、生活紧密相关。宴会不是一般的请客吃饭，无论是举办宴会的东道主还是应邀前往的赴宴者，都应讲究一套特定的礼仪，使自己的行为符合规范。

1. 宴会的种类

（1）国宴（State Banquet）

国宴，是国家元首或政府为招待国宾、其他贵宾或在重要节日为招待各界人士而举办的宴会，在宴会中属于最高规格。国宴讲究排场，在我国，国宴一般都设在人民大会堂或钓鱼台，人民大会堂宴会厅能同时容纳5000人。国宴的菜肴也比较讲究，一般都会根据中外宾客的不同口味进行不同的烹制。若宴请外宾，国宴的宴会场上都会悬挂主客两国的国旗，还有专门的乐队在宾主入席时奏两国国歌。

（2）正宴（Banquet Dinner）

正宴，即正式宴会的简称，适用于规格较高、较正式的场合。除不像国宴那样悬挂国旗与奏国歌之外，其基本的会场安排同国宴相似。正宴的宴会桌椅要排桌次和席次，让主宾双方依次入座。正宴分午宴和晚宴两种，在现代社会，一般晚宴更为正式、隆重。

（3）便宴（Informal Dinner）

便宴，即非正式宴会，是相对于正宴而言的。便宴的形式比较简单，会场内一般不排桌次、席位，气氛较为随和。便宴也分午宴和晚宴，极少的还有早餐宴。午宴一般安排在中午12点到14点之间，晚宴一般安排在19点之后。

（4）家宴（Family Dinner）

家宴，即指在家设宴招待宾客的宴会，比较适用于民间往来。家宴一般都由男女主人陪同客人进餐，席间主宾交谈，气氛融洽温馨。家宴一般在中午或晚上举行，持续时间可长可短。

（5）自助宴（Buffet Dinner）

自助宴，即指由宾客自己动手进餐的宴会，是一种自由、轻松的宴饮形式。

自助宴不必等所有宾客全部到齐才能进食，先来者先进，后来者后续，服务人员会根据宾客的食用情况添菜加餐。

（6）其他宴会

除了上述五种较常见的宴会类型外，还有招待会，如酒会（Cocktail，也称鸡尾酒会）、冷餐会（Buffet Dinner）、茶会（Tea Party）、咖啡宴（Coffee Party）以及工作餐（Working Dinner）。

2. 宴会的筹备

（1）确定时间和地点

① 时间。宴会的时间应根据宴会内容及主宾双方的时间来定。若不是为了共度佳节，比如中秋宴、年夜宴，宴会的时间原则上应避开重要的节假日以及宾客一方的重要纪念日，以保证宾客能够赴宴。同时，还要考虑宾客方避讳的日子，如宴请日本友人，不要选择带有"4"或"9"的日子，宴请西方人，则要避开"13"这个数字。平时宴请，最好选在晚上进行；节假日宴请，可选择中午或晚上。

② 地点。宴会的地点应根据宴会的目的、规模、形式、宾客身份等因素来定。一般而言，除了家宴，其他宴会应选择交通便利、环境优雅、服务好、菜肴佳的饭店、酒家。若来宾人数较多，选择的包厢包间则不能过小；若来宾身份尊贵，所选饭店、酒家的档次则不能过低；另外，还要根据来宾的口味选择相应的饭店，比如不能安排不善吃辣的宾客到川菜、湘菜饭馆，不能安排不喜吃甜的宾客到江浙饭馆。

（2）确定范围和形式

① 范围。宴请的范围应参照宴会的性质及宾客的身份进行考虑，要以适、和、偶为原则。适，即邀请的人要适合宴会的性质，比如亲戚间的家宴就不宜邀请同事，同事间的工作餐则不宜邀请朋友。和，即要考虑所邀请的宾客间彼此关系是否和睦，不可邀请关系不和的人同时参加宴会，以免破坏整体气氛、导致宾客尴尬。偶，即要注意邀请的人最好是偶数，以免宴请过程中有人落单。

② 形式。宴会的形式应根据宾客的身份来定。例如，宴请年长者不宜选择

西餐的形式；宴请上级领导不宜选择自助餐的形式；宴请商务合作伙伴不宜选择普通的家宴。总之，宴会的形式需同来宾身份相符，还可适当地考虑其时间安排、个人爱好等。

（3）发出邀请

除了工作餐、便宴、家宴可以打电话或口头通知宴请的宾客，一般较正式的宴请活动都要以书面的形式发出邀请，以表示宴会的正式及主办人员的重视。

邀请一般应提前一周左右发出，形式有请柬和邀请信两类。在请柬或邀请信中，要写明宴会的时间、地点、主办单位或主人姓名，也可加上桌次安排、宴会形式、联系电话等。例如：

尊敬的＿＿＿＿＿＿＿＿＿：

　　谨定于××××年×月×日晚×时假座×××饭店××厅举行××宴会。

　　　　　　敬请

光临

如不能出席，请赐复为盼
电话：×××××××

　　　　　　　　　　　　　　　　　　×××先生和夫人
　　　　　　　　　　　　　　　　　　××××年×月×日

[第×桌]

（4）确定菜肴

宴会的菜肴应根据宴会的形式、规格以及主宾的喜好和禁忌而定；如果是单位宴请，则菜肴还应在规定的预算范围内进行安排。一般而言，选菜要注意合理搭配，要做到营养搭配、冷菜热菜搭配、荤菜素菜搭配、传统菜与时令菜搭配以及甜点、酒水、饮料等的搭配。

选菜还要充分考虑来宾的口味和禁忌，若来宾人员比较复杂，可以根据他们的饮食习惯让他们分桌而坐，菜肴也应分灶烹制。另外，还要充分考虑现代人对健康饮食的看重，某些高蛋白、高胆固醇、高脂肪含量的菜可以少上，如甲鱼、河鳗、大闸蟹、鹌鹑蛋等。

正式宴会的菜谱定好后，还应印制出来，每张桌上放若干份甚至每人一份，方便来宾对菜肴有所了解。

（5）布置宴会会场

① 桌次排列。正式的宴会对桌次的排列有严格的规定，桌子在两张以上，就应按礼仪次序进行排列，并在桌上摆放桌次牌。按惯例，越靠近主桌的桌子桌次越高，并排放置的桌子则右高左低；同时还要考虑距离门的远近，离门远的桌次较高。具体的排列如图6-1至图6-3所示。

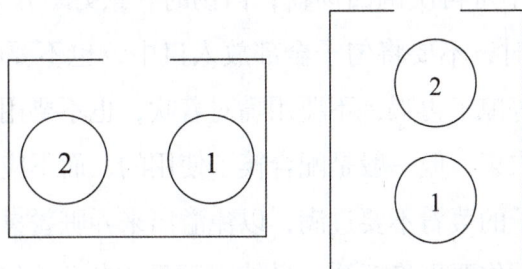

图6-1　两张桌子的桌次排列

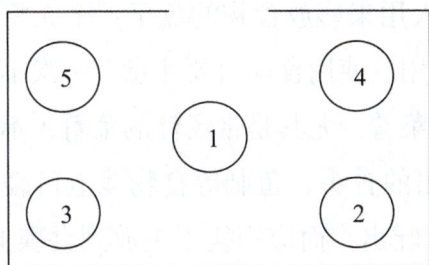

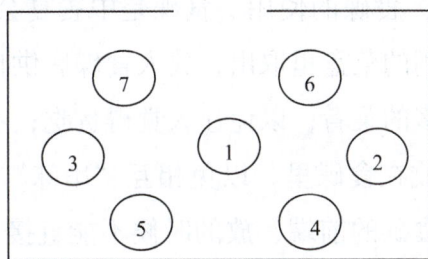

图6-2　五张桌子的桌次排列　　　　　图6-3　七张桌子的桌次安排

② 席位的安排。正式的宴会也会对来宾的席位进行安排。圆桌上的席位安排同家宴的席位安排基本一致，遵循"面朝大门为尊"及"右尊左卑"的原则。若使用长桌，席位的安排基本上也遵循上述两项原则，如图6-4所示。

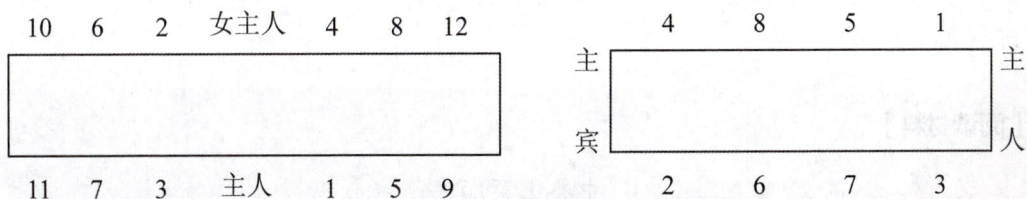

图6-4　长桌的席位安排

3. 进餐的礼仪

（1）中餐的进餐礼仪

① 筷子的使用。筷子是中餐最主要的餐具，一般使用右手持筷夹菜。使用筷子时要注意一定的规范，比如不能用单根筷子去戳取食物；不能将筷子插在食物上；不要吮、舔筷子；不要把筷子当牙签使用；不要用筷子搅动菜肴、挑拣食物；与人说话时不要挥舞筷子，也不要用筷子指点人。

② 勺子的使用。在中餐中，勺子的主要作用是舀汤，使用时应注意：用勺子舀回的汤汁或食物，不可再次倒回汤盆；舀汤时，最好等汤汁不再往下滴时再移回自己的盘子；喝汤时，不要将勺子全部放入口中，也不要吸吮勺子；如果汤很烫，则应先放到碗里等凉了再喝，不要用嘴对着吹，也不要用勺子舀来舀去。除了舀汤，勺子还可用来取菜，但一般是配合筷子使用的，而不应直接用勺子舀菜。取菜时要注意：装入勺子的菜肴不要过满，以免溢出来弄脏餐桌；将装着菜肴的勺子移回自己的盘子时，动作要平稳轻缓；另外，不要拿自己的勺子帮他人取菜。暂时不用勺子时，应将它放在自己的碟子上，而不要把它直接放在桌上或汤碗里。

③ 食碟的使用。食碟是中餐宴会中个人用来盛放食物的盘子，个人将食物从公用的菜盘里取出，放入食碟后供自己食用。使用食碟时要注意，一次不要取放过多的菜肴，以免让人觉得贪吃；不同的菜肴，尤其是带汤汁的菜肴，不要一起堆放在食碟里，以免相互"串味"；吃出的骨头、鱼刺等食物残渣可轻轻地放在食碟的前端，放的时候不能直接从嘴里吐出，而应用筷子夹放到食碟上。

④ 进餐的礼仪。进餐时要注意吃相，不要狼吞虎咽、响声大作；取菜时动作要文雅，不要乱夹乱舀，以免影响他人的食欲；取够不到的菜时，可请别人帮忙，但不要起身自取；进餐时不要当众咳嗽、打喷嚏或是打嗝，如果忍不住，应用餐巾掩住嘴侧过身体；用餐过程中不要宽衣解带，或是当众补妆、梳头等，如有需要应去洗手间解决。总之，进餐时应注意自己的形象，使自己的行为符合规范。

【阅读材料】

中餐上菜顺序

茶：视情况而定，不是必需的。

凉菜：冷拼，花拼。

热炒：视规模选用滑炒、软炒、干炸、爆、烩、烧、蒸、浇、扒等组合。

大菜：指整只、整块、整条的高贵菜肴，如一头乳猪、一只全羊、一大块鹿肉。

甜菜：包括甜汤，如冰糖莲子、银耳甜汤。

点心（饭）：糕、饼、团、粉、各种面、包子、饺子。

水果：果盘等。

（2）西餐的进餐礼仪

① 餐巾的使用。入座后，来宾可在没上菜前的一段时间内将餐巾打开，往内摺三分之一，将三分之二平铺在腿上，盖住膝盖以上的双腿部分。在正式的宴会中，最好不要把餐巾塞入领口。

【阅读材料】

注意餐巾的正确用法

当主人示意用餐开始后，将餐巾打开或对折平摊在自己的腿上，切勿把餐巾系在腰带上，或挂在西装领口。

用餐过程中如需离开时，要将餐巾放在椅子上，用餐完毕才可将餐巾放在桌面上。

餐巾的基本用途是保洁，主要防止弄脏衣服，兼作擦嘴角及手上的油渍。切忌用餐巾擦拭餐具、皮鞋、眼镜，或用来擦鼻涕、抹汗等。

② 刀叉的使用及摆放。吃西餐需要使用刀叉，其正确的方法是：右手持刀，左手拿叉；进餐时用叉子将左边固定，然后用刀子切下一小口大小的食物，蘸上调味汁送入口中。这里要注意，同样是吃西餐，英式和美式的吃法并不完全相同：在英式的吃法中，是左手拿叉将切下的食物送入口中，吃一块切一块；而在美式的吃法中，是先将食物切好，然后换右手拿叉子取吃食物；需要再切食物时，再换左手拿叉右手拿刀，如此重复进行。

在正式宴会中，刀叉的摆放也有所讲究，不同的摆放方式会传递不同的信息，因而不可乱摆乱放。如果来宾吃到一半想略做休息，就应将刀叉以八字形状摆放在盘子的两边，注意不要将刀叉摆出盘外；若是用餐完毕，则应将叉子的下面向上，刀子的刀刃侧向内，与叉子并拢，平行放置于餐盘上。

③ 饮酒的礼仪。在西餐中，饮酒也有许多礼仪规范。首先是酒杯的握法，为避免手的温度使酒温增高，应用大拇指、中指和食指握住酒杯的脚，小指放在杯子的底台固定；其次喝酒的方法，喝酒绝对不能吸着喝，而是应稍稍倾斜酒杯，使酒接触舌头，慢慢地饮用；喝时可轻轻地摇动酒杯，让酒与空气接触以增加酒味的醇香，但注意摇动的幅度不能过大；另外，喝酒不要一饮而尽，要细细地品味，不要边喝边透过酒杯看人，也不要边说话边喝酒或是边咀嚼食物边喝酒，这都是不符礼仪的行为；女士要注意不要在酒杯沿上印上口红，万一印上了，也不要用手去擦，而应用面巾纸轻轻擦掉。

④ 进食的礼仪。在西餐礼仪中，有所谓"左面包，右水杯"的说法，就是指面包要放在左手边，水杯要放在右手边，千万不要将两者倒放；若想涂牛油，则应先把牛油碟移至自己的碟边，再涂抹到面包上，不要隔着老远搅动黄油，更不要直接拿面包蘸黄油；在正式的宴会中，应尽量避免用面包蘸着汤汁食用，这是一种非常不雅的吃相。

切肉应从左侧开始，切一块吃一块；切时用力不宜过大，以免刀与盘子碰撞发出很大的声音；需要用调味酱时，应将调味酱钵拿到盘子旁边，用汤匙舀取适量的酱料放在盘子内侧，用肉蘸着吃。一般而言，舀取的量以两汤匙为宜，舀取时应注意不要让酱料滴到桌上，也不要将酱料直接浇在肉上食用。

吃鱼时若吃到鱼刺，不要直接从嘴里吐出，最好是用舌头将鱼刺顶出来，用叉子接住，放到碟子的一角。万一鱼刺卡进了牙缝间，则应用餐巾掩着嘴，利用拇指和食指将之拔出。喝汤时尽量不要发出声音，如果觉得汤太烫，应等一会儿，稍凉后再喝。

四、婚丧礼仪

婚礼与丧礼是人生礼仪中极为重要的两种仪式，筹备、参加婚礼及丧礼的礼仪规范就是婚丧礼仪。对于婚丧礼仪的当事人而言，不管是喜庆的婚礼或是哀痛的丧礼都免不了邀请亲朋好友、邻居同事前来参加，因而筹办得是否得体合理、是否符合规范就显得非常重要；对于被邀前往的宾客而言，参加婚丧礼仪时自己的行为是否合礼、表现是否得当也非常重要，因为这不但能够表现宾客对当事人的尊重，也能展现宾客自身的素质与涵养。

1. 结婚礼仪

婚礼是男女结婚时所举行的喜庆仪式，是人生的一大喜事。举办婚礼也需遵循一定的礼仪，以使婚礼进行得符合规范和标准。

（1）婚礼的筹备

① 确定婚礼的时间与地点。在现代，婚礼举办的日期一般安排在节假日，如劳动节、国庆节、周末，以方便亲朋好友、同事、同学都能前来参加。当然，在具体时间的选择上，又以公历或农历的日期中带"2""6""8"的为宜，或是干脆根据黄历选择黄道吉日。

在地点上，现代婚礼一般安排在酒店、宾馆或家中举行；有宗教信仰的男女，还可选择到教堂举行。当然，地点的安排应视婚礼宴请的规模以及当事人的财力而定，若经济情况不允许或参加人员不多，大可不必铺张浪费。

② 发出邀请。除了旅行结婚，一般的婚礼都应邀请亲朋好友、同事、同学前来参加。当事人应先拟定好出席婚礼的嘉宾名单，经双方家长审定没有遗漏后，就可发请柬进行邀请。请柬应提前一周左右送到嘉宾手里。

请柬可由新郎新娘本人共同具名，例如：

公历××月××日

谨订于××××年　　　　　　　　　　　　（星期×）我俩举行婚宴

农历××月××日

　　恭候

光临

　　　　　　　　　　　　　　　　　　　　　　新郎××

　　　　　　　　　　　　　　　　　　　　　　　敬约

　　　　　　　　　　　　　　　　　　　　　　新娘××

　　　　　　　　　　　　地点：××饭店××厅

　　　　　　　　　　　　时间：××月××日晚×时×分

也可由家长具名，例如：

谨订于××××年××月××日为小儿×××（小女×××）举行婚宴

　　　　谨请

光临

　　　　　　　　　　　　　　　　　　　　　　父××

　　　　　　　　　　　　　　　　　　　　　恭请

　　　　　　　　　　　　　　　　　　　　　　母××

　　　　　　　　　　　地点：××宾馆××厅

　　　　　　　　　　　时间：××月××日×午××时

除了请柬以外，新郎新娘还应在婚礼前选结婚礼服，选伴郎伴娘，聘随行的化妆师、美容师等。新郎的结婚礼服一般都是西装，新娘可选择白色、象牙色的婚纱，或是中国传统的红色礼服。伴郎伴娘一般应在好友当中挑选，选择时应考虑他们的长相、仪态、服饰等因素，切不可喧宾夺主。

（2）婚礼的程序

① 新郎去新娘家迎接新娘。

② 新郎新娘及家人坐车去饭店或宾馆。

③ 主持人宣布结婚典礼开始。

④ 证婚人、介绍人、主婚人依次入席。

⑤ 新郎新娘入席，奏结婚进行曲，金童玉女抛撒喜花。

⑥ 新郎新娘向双方父母或其他长辈鞠躬，向来宾鞠躬，最后相互鞠躬。

⑦ 证婚人宣读结婚证书。

⑧ 主婚人致辞，祝新人婚姻幸福。

⑨ 介绍人致辞，一般介绍新郎新娘的恋爱经过等。

⑩ 新郎新娘致谢。

⑪ 新郎新娘切蛋糕。

⑫ 喜宴开始，新人挨桌向来宾敬酒。

（3）参加婚礼的注意事项

① 着装。前去参加婚礼的人，应注意自己的着装。衣服应挑选明快的颜色，不要穿黑色。男士最好穿西装、皮鞋，仪容要整洁；女士可穿时装套裙等，但不宜挑选红色，以免和新娘的礼服相冲突，化妆不宜过浓，佩戴的首饰等也不要过于夸张。

② 赠礼。如果参加婚宴，则要准备礼金。礼金要放入礼金袋里，然后在礼金袋上写上祝福的话语，如百年好合、白头偕老、天作之合、佳偶天成等，并署上自己的姓名。礼金的数额，应视与新人或新人父母的关系及自己的经济情况而定，一般不宜过少。

③ 到达。出席婚宴应提前到达婚宴场地，到达后应向新人及双方的家长贺喜。准备的礼金可交给一方家长，也可交到专门的签收处。

④ 婚宴中。婚宴中应始终面带笑容；证婚人、主婚人及新郎新娘致辞时，不要喧哗起哄、喧宾夺主；喜宴开始后，若新郎新娘前来敬酒，应真诚地给予他们祝福，适当的玩闹可以调动气氛，但切忌过分地刁难新人；婚宴中一般不能早退，若确有急事，应同新人或新人的父母道歉，然后方可离开。

2. 丧葬礼仪

（1）丧礼的筹备

① 通知亲友。死者的死讯应在第一时间通知死者的家属及亲密朋友，通知的方式有电报通知、报丧条通知、电话通知等几种。在现代社会，前两种一般都不用了，最常用的就是电话通知。

② 成立治丧委员会（小组）。这项工作一般是由死者单位或专门的丧礼筹办公司来承办，治丧小组要进行的工作有采购、接待、伙食、服务等各项事务，还要商议与治丧相关的问题。

③ 处理遗体。死者的遗体应派人清理干净，清理工作可由死者的子女来做，也可请专门人员来做。清理后要为死者穿上整洁的衣服，然后进行冰冻处理。在现代社会，冰冻处理的方式有两种，一是由殡仪馆派专车将遗体运往冰库

暂时保存，二是到冰棺出租店租用冰棺，放在家中供亲友瞻仰。当然，如果天气很冷，在家里停放一到两天不会有大问题。

④ 布置灵堂。灵堂的布置应以简单、肃穆、庄严为标准。灵堂的正后方的墙上应高挂死者的遗像，遗像的大小一般是24寸；遗像下应高挂斗大的"奠"或"悼"字，左右两边高挂挽联，用以概括死者一生的主要功绩或经历；灵堂前设供桌，摆上黄白菊、供果、供菜、香炉等，两旁香烛高烧；灵柩置于供桌之后。

灵堂门外左右两侧各放置长桌，一边为收礼处，一边为签到处。守灵期间，灵堂的供桌上要摆放"长明灯"，守灵者需时时为它加油，不让它熄灭。

⑤ 刊发讣告。讣告是向死者的亲属及生前好友告知死亡信息的文书，可由死者的子女或治丧小组发布。讣告中要写明死者的姓名、身份、去世日期、地点、原因及终年岁数等，还要写明追悼会的时间、地点及乘车路线；死者生前若有功绩，还可在讣告中介绍其重大的成就。讣告例文如下：

讣　　告

先父×××，因病医治无效，于公历××××年××月××日晚上××时在医院与世长辞，享年××岁。现定于××××年××月××日上午××时××分在××殡仪馆××号厅举行追悼仪式。

治丧委员会设于××市×××路××号，负责人：×××，联系电话：××××××

长子：×× 妻：××
次子：×××
××××年××月××日

---

⑥ 其他事宜。治丧委员会指定专人起草追悼词并进行审定；协助死者家属选购骨灰盒；安排殡仪馆的工作人员进行死者遗体整容、化妆等事宜；还应为追悼会当日准备车辆，还可准备点心、水果等物品。

（2）追悼会的程序

① 奏乐，向死者的遗体默哀三分钟。

② 介绍参加追悼会的主要来宾。

③ 向死者的遗体三鞠躬。

④ 致追悼词，介绍死者生平。

⑤ 死者亲属致答谢词。

⑥ 向死者的遗体告别，即绕死者一周并与死者亲属握手。

（3）参加追悼会的注意事项

参加追悼会要穿白色或黑色的衣服，衣服款式应简单朴实，不能有过多的点缀物。参加人员神情要悲痛、态度要严肃。追悼会上不宜说过多的话，要说也是低声地说几句安慰的话，如"请节哀""请保重"等，千万不能与人谈笑。念追悼词或介绍死者生平时，应认真倾听。劝慰死者的亲属时可谈谈死者生前的优点、贡献以及人们对他的怀念之情。

五、赠送礼仪

中华民族素来重视礼尚往来，亲戚、朋友、同事及商务伙伴之间少不了互赠礼品、表达情谊。赠送礼品不仅能够促进赠礼受礼双方的感情，而且能够表现馈赠者的人品与诚意。因而，赠礼是人际交往中一种表情达意的形式外，还是一门处理人际关系的艺术，其礼仪与规范值得人们学习。

1. 赠礼的时机

赠送礼品应选择合适的时机，不能毫无缘由地赠礼，也不能不分场合地赠礼。选择合适的时机，不仅能让赠礼的对方欣然接受礼品，还能真正起到加强联系、联络感情的作用。赠礼的时机大体有以下几种。

（1）致谢

个人或集体向他人表达谢意时，可以赠送礼品。在生活中这种情况很多，比如某位医生治愈了你的疑难杂症，某个陌生人归还了你丢失的物品，某位朋友为你排忧解难，某个组织帮你解决了困难等，这时为了表达自己的感谢和敬意，可以赠送礼品。另外，某些单位、公司或组织在节假日来临之际，会向员工或公众

赠送礼品，以感谢他们长久以来对单位或组织的关心与支持。

（2）祝贺

① 祝贺生日。在亲朋好友或上级同事生日时，可以赠送礼品表示祝贺。赠送的礼物应根据对象的不同而不同，比如小孩生日，送的礼物就应是书籍、学习用品、玩具之类的，这些礼物符合孩子的年龄层次，并对其身体和智力的发展有益；若是老人做寿，则可送滋补品、健身器材、电热毯、电子血压计之类的，这些礼品对老人的健康有益，能表达出送礼者对老人的关心；若是朋友生日，则可根据朋友平日的喜好选择礼品，比如送CD给喜欢音乐的朋友，送帽子、背包、运动鞋给喜欢旅游的朋友；若是上级或商务伙伴生日，则可挑选比较大众的礼品，如鲜花、蛋糕等。

② 祝贺升迁。同事或商务伙伴在工作中取得了成绩，得到了升迁，为表示祝贺可以赠送礼品。这类礼品一般应带有鼓励、恭喜的意义，如书画作品、高档钢笔，或是具有恭喜意义的花卉，如火百合、太阳菊等。

③ 祝贺婚礼。亲朋好友、同事同伴结婚时，应赠送礼品。这类礼品可以是有实用价值的茶具、餐具、床上用品等，也可以是有装饰价值的精美的水晶工艺品、别具特色的挂饰等，总之，新人能够用的、能表示自己真诚祝福的礼物都可赠送。

④ 祝贺乔迁。亲戚朋友搬迁新居时，可以赠送礼品表示祝贺。这类礼品一般应是生活用品，如精致的厨具、漂亮的地毯等，当然，如果能送一些主人还没买或舍不得买的小家电，如电烤箱、咖啡壶等则更好。要注意，有些物品虽然实用却不宜相送，如刀具、内衣，以免引起主人的不快或尴尬。

⑤ 祝贺开张。亲朋好友或商务往来伙伴开店、开业之际，个人或组织可赠送礼品表示祝贺。这类礼品一般多是花篮，花篮宜大不宜小，馈赠者可在花篮的绸带上写上祝贺的话语，并署上个人或组织的名称。

⑥ 祝贺庆典。组织、公司、学校、医院等庆典纪念之日，如建校一百周年纪念、组织成立二十周年纪念，可以赠送礼品以表祝贺。这类礼品多是书画、贺匾、题词等，显得高雅而有意义。

（3）探病

探望生病住院的亲友、同事、上级以及商务往来的客人，应赠送礼品。这类礼品的选择应把握两大原则，一是要健康，二是要适宜。所谓健康，就是指赠送的食物、营养品等礼物应绿色健康，不要送含有高蛋白、高脂肪、高胆固醇的食品，除非是病人身体刚好缺这些营养；所谓适宜，就是指赠送的礼品要与住院的环境、病人的身体情况及心情相称，如送花就应送康乃馨、剑兰、鸢尾等，不要送病人忌讳的花卉，也不要送不适合在医院摆放的大盆栽，如果病人对花粉过敏或刚动过大型手术，则不要送花，可以改送水果等。

（4）拜访

上门拜访他人，或应邀去他人家做客，可以带上礼品。这类礼品可以是食品类的，如酒水、咖啡、巧克力、糕点等，也可以是鲜花、纪念品、艺术品等物品；如果主人家里有小孩，还可以送孩子喜欢的玩具、糖果、书籍等。

（5）回赠

所谓"来而不往非礼也"，接受了他人的赠礼，就应选择一个合适的时间向对方还礼、回赠礼品。还礼可以另择时间，比如下次专门去对方家拜访时回赠礼品；也可当场还礼，即在对方离开时附上一份自己的礼品。回赠要注意，礼品在价值或分量上应与接受的礼品相当，不要回赠低廉的礼品，以免让对方觉得你有心敷衍，也不要送太贵重的礼品，以免让对方受之不安。

2. 礼品的选择

赠礼前，应对礼品进行选择。在赠送礼仪中，礼品的选择也是一门艺术。好的礼品既能迎合收礼方的喜好，又能让收礼方感受到馈赠者的真情实意；而不好的礼品则既不能让收礼方喜欢，还会让收礼方觉得是一种负担，有时甚至会怀疑馈赠者的情义。所以，选择怎样的礼品对于人际交往而言非常重要。大体上，礼品的选择应把握以下几条原则。

（1）体现情意

赠送的礼品必须是能够表达馈赠者情意的礼品。有时候，情意的轻重不能以礼品的价值来简单衡量，所谓"千里送鹅毛，礼轻情义重"，馈赠者的情义到了，礼品的价值也就得到了体现，那种一味地认为只有贵重的礼品才能表达情意的想法是错误的。国外有一位作家在生日时收到了很多礼物，有些礼物相当的贵重，如限量版的手表、昂贵的钱夹、知名名牌的首饰，这些礼物虽然当时让她很

开心，可十年、二十年过去了，她连这些东西长什么样都记不太清了。可是有一件礼物让她一生都难以忘记，到了老年的时候，她还常常拿出来看，这件礼物就是一本粘贴着她还未出名时在各大报纸、杂志上发表的短文的本子。每当拿起这件礼物，这位作家就觉得心中充满了感动，虽然她已经不记得送她这件礼物的读者的长相，但那份情义她却永远铭刻在了心中。可见，礼物的价值在于一个"情"字。选择礼物时，不能认为贵的就是好的，而要让礼物传达出自己的真情实意。

（2）轻重适宜

送礼要根据对象的不同来选择礼物的轻重。对于该送重礼的人则不要送轻了，否则就会让收礼者觉得受到了轻视；而对于赠送轻礼即可的人则不必送得过于贵重，否则就会使收礼者感到不安，甚至怀疑你送礼的动机。给关系并不密切的人赠礼或是给上下级、同事赠礼，更应把握好这一原则，注意礼物轻重的尺度。总之，送礼要以能否让对方愉快地接受为衡量的标准。

（3）时尚实用

送礼还要注意礼物的时尚性与实用性。所谓时尚性，就是指选择的礼物应符合时尚标准，不要送已经过时或过于老旧的礼物，除非收礼方有收集旧物的爱好。举个例子，要送朋友的孩子一台电脑，就应选择现在流行的液晶显示屏，而不要选择已经过时的又厚又重的普通显示器。所谓实用性，就是指选择的礼物要具有实用价值，比如送生活用品就应送质量好的、耐用的，而不要送劣质的、易碎易坏的；送装饰品就要送有审美性的、可以摆出来欣赏的，而不要送粗制滥造的、毫无美感的或不便摆放的。总之，送的礼物要迎合收礼者的口味，让礼物发挥其真正的作用。

（4）尊重习俗

送礼还要考虑收礼者的习俗，不要让礼物与收礼者的避讳与禁忌相冲突，尤其是为不同国家、不同民族的人挑选礼物，更要注意这一点。例如，不能给恋人、新婚夫妇送伞，因为"伞"与"散"音近；不能给日本人送菊花，因为在日本菊花是皇室的专用；不能给英国人送百合花，因为英国人认为百合花有"死亡"的意思；给美国人送礼要送单数，因为在美国单数吉祥，但要排除13。类似的避讳与禁忌有许多，在挑选礼物时应尽量避免。

【阅读材料】

中国馈赠禁忌

中国人普遍有"好事成双"的说法，因而凡是大贺大喜之事，所送之礼均好双忌单，但广东人则忌讳"4"这个偶数，因为在广东话中，"4"听起来就像是"死"，是不吉利的。

白色虽有纯洁无瑕之意，但中国人比较忌讳，因为在中国，白色常是悲哀之色和贫穷之色；同样，黑色也被视为不吉利，是凶灾之色、哀丧之色；而红色，则是喜庆、祥和、欢庆的象征，受到人们的普遍喜爱。

中国人还常常讲究给老人不能送"钟"，给夫妻或情人不能送"梨"，因为"送钟"与"送终"、"梨"与"离"谐音，是不吉利的。

3. 赠送的礼仪

选择好礼品后就要赠送礼品。赠送也应讲究赠送的礼仪，不能做出有违常规的举措。

（1）包装

对挑选好的礼物进行包装，能显示馈赠者对赠礼这一活动的重视。包装前应记得把礼物上的价格标签拿掉，以免让收礼者产生误会或产生不好的感觉。包装可用专门的包装纸和丝带，若礼物形状不太规则，也可放入专用的礼品袋或礼品盒内。在正式的馈赠活动中，包装显得尤其重要，它能提升礼品的价值，还能让收礼者产生备受重视的感觉。世界上最重包装的国家，大概要数日本，日本人在正式赠礼时，至少会给礼物包上三层包装纸，以示重视。

（2）赠送

礼物最好本人亲自赠送，如果礼物过大或不便前去送礼，也应提前打电话通知收礼者，或在礼物上附上自己的亲笔信笺或卡片，让代为赠送的人一同送过去。

赠送礼品时，态度要恭敬，举止要大方。在正式场合中应双手将礼物递给对方，不要单手随便一丢，或是放下让收礼者自取。送礼时也不要畏畏缩缩、伸头探脑，让人误会有不正当的送礼目的。另外，送礼时还应配合着说一些祝福、客气的话语，如"生日快乐""有劳您招待"等；千万不要自我贬低，说

什么"临时准备的""随便买的""家里有就拿过来了"之类的话，让人怀疑你的诚意；对于某些较新式的礼品，待收礼者拆封后，可对其用途和用法稍做解释。

第三节　责任心、事业心与感恩心

艾默生曾说："人生最美丽的补偿之一，就是人们在真诚地帮助别人之后，也帮助了自己。"感恩并不是简单的报恩行为，而是一种工作的智慧。心怀感恩，快乐工作，就是学会发掘自己蕴藏着的内在活力、热情和巨大创造力，就是学会享受每一天的幸福。

一、珍惜岗位，对工作心怀感恩

一提到工作很多人对此嗤之以鼻，"工作不过是混口饭吃，没什么大不了的"。拥有这样心态的人永远找不到让他称心如意的工作。如果没有一颗感恩的心，再舒服的环境、再好的待遇他都会慢慢当成习惯，然后慢慢变成束缚自己的牢笼。

工作是我们生命最珍贵的馈赠，它不仅为我们提供生存所需，给我们安全感、归属感，它还成为成就我们的事业与梦想、实现自己人生价值的一个平台。当然，每一份工作或每一个工作环境都无法尽善尽美，但每一份工作中都有许多宝贵的经验和资源，如失败的沮丧、自我成长的喜悦、值得信任的工作伙伴等，这些都是工作成功必须学习的感受和必须具备的财富。如果每天怀着感恩的心情去工作，在工作中始终牢记"拥有一份工作，就要懂得感恩"的道理，就一定能收获很多。

对工作心怀感恩基于一种深刻的认识：工作对于每个人来说都具有极大

的价值和意义，为我们提供了成就梦想和实现个人价值的平台，对工作所带来的一切都要心存感激，并力图通过努力工作以回报社会来表达自己的感激之情。

真正的感恩是真诚的、发自内心的感激，而不是为了某种目的，迎合他人而表现出的虚情假意。时常怀有感恩之心，我们会变得更谦和、可敬而且高尚。每天用几分钟时间，为自己能有幸拥有眼前的这份工作而感恩，为自己能进这样一家公司而感恩。

失去感激之情，人们会马上陷入一种糟糕的境地，对许多客观存在的现象日益挑剔和不满。如果我们被那些令自己不满的现象所占据，我们就失去了平和、宁静的心态，并开始习惯于注意并指责那些琐碎、消极、猥琐、肮脏甚至卑鄙的事情。放任自己的思想关注阴暗的事情，我们自己也会变得阴暗起来。相反，把我们的注意力全部集中在光明的事情上，我们也将变成一个积极向上的人。

二、勇于担当，将感恩化为责任

美国西点军校有这样一条规定：每个学员无论在什么时候，无论在什么地方，无论穿军装与否，也无论是在进行担任警卫、执勤等公务活动还是在进行自己的私人活动，都有义务、有责任履行自己的职责和义务，这种履行必须基于发自内心的责任感。

对我们而言，每一个职位所规定的工作任务就是一份责任，我们从事这份工作就应该担负起这份责任，我们每个人都应该对所担负的责任充满责任感。

一个人责任感的强弱决定了他对待工作是尽心尽责还是浑浑噩噩，而这又决定了工作业绩的好坏。责任感强是我们战胜工作中诸多困难的强大精神动力，它使我们有勇气排除万难，甚至把那些"不可能完成"的任务做得相当出色。但是一旦失去责任感，即使是自己最擅长的工作，也会做得一塌糊涂。

履行责任是发自内心的感恩行为，心存感恩的人将工作看成一种恩赐、一种馈赠。因为接受恩惠而感激，所以更加负责任，因为更加负责任，可以使身边的人感受因为他们负责而带来的成果，从而使更多的人投入到"感恩—负责—感

恩"这样的循环中。如此良性循环，工作就会充满爱，从而营造出和谐、美好的氛围。

美国前总统林肯曾说过："每一次获得工作的机会，我都要怀着感恩的心情加倍去努力，我能干好每一个我干过的职位，所以我也能干好总统这个职位。"我们也应该明确自己肩负的责任和使命，怀着一颗感恩的心积极进取，在思想中形成动力，把工作变成一种艺术，不断地超越自己，成为一名优秀、卓越的员工。

如果企业是一条船，那每名员工都是船上的舵手，都左右着企业的发展方向。我们应感谢企业给予我们的一切，所以我们不能满足于做好手头的工作，而应该用业绩推动企业的发展，将企业的兴衰存亡的职责承担起来，主动去做企业发展所需要的事情，用自己的行动推动企业向前奔跑。

三、拥抱感恩，责任背后是机遇

"青年时种下什么，老年就收获什么。"我们在公司也是这样，如果把公司的发展当成自己的责任，那公司就会为我们创造成长的机会；如果我们以积极的热情和全心全意的努力对待公司中的种种事务，那么我们的事业、精神就会在公司获得了不起的进步；如果我们的行为和态度切实推动了公司的成长，那么我们也一定得到了回报。

人才永远是公司最重要的资本，公司最需要的是感恩的人。感恩的人是对公司忠诚的人，他的忠诚是血液里流淌着的秉性。忠诚的人不仅意识到自己属于这个公司，而且他认为自己必须为公司做什么，才能得到公司的认可和接纳，他的内心才能安稳。那些忠于老板、忠于公司的员工，都能承担起责任，遇到再大的困难也不会退缩，而是积极寻找方法渡过难关。他们忠于公司，关心公司的发展，为公司献计献策。在危急时刻，忠诚的员工更是显示出他们巨大的不可替代的价值。不管我们职位如何，只要我们懂得感恩，忠于职守，勤业敬业，就会慢慢被发掘出来，担当重任。

在职场中，有能力的人并不缺少，缺少的只是责任和能力皆有的人。有了责任，才能让我们拥有勇往直前的勇气，才能使每个人的内心产生一种强大的精神动力，积极投入工作中去，并将自己的潜能发挥到极致。在经营公司的时候，也会出现一些意外问题，这时候就需要我们挺身而出，帮助领导解决所遇到的问题。只要我们发扬舍我其谁、勇于担当的主人翁精神，就能很快脱颖而出，遇到自己发展的机遇。

第七章

职业道德修养

良好的职业修养和职业道德是企业每个员工必须具备的素质，职业道德修养实质上就是两种对立的道德意识之间的斗争，是善与恶、正和邪、是和非之间的斗争。

职业道德修养的养成

第一节

一、职业道德修养的含义和特点

1. 道德修养

要准确领会职业道德修养的含义，必须弄清什么叫道德修养。

对"修养"一词，人们曾做过多方面的解说。这些解说或者认为"修"是指"切磋琢磨"，有整治、提高之意；"养"是指"涵养熏陶"，有培育、长养之意。或者说"修"是指修正错误；"养"是指涵养性情。或者说"修"是指学习，如自修、修业；"养"是指教育。这些解说说法不一，大同小异，对我们理解什么叫修养不无帮助，问题是这些解说只是从词源上所作的考证与说明，难免简单片面。事实上，"修养"是一个含义广泛的概念，它主要是指人们通过自觉的勤奋学习、培育锻炼以及长期努力后达到的一种能力或品质。

道德伦理学说或现实道德生活中的"修养"一词，即所谓道德修养，则是一定的社会或是根据一定的道德原则和规范来改造自己、教育自己、锻炼自己的道德品质，提高自己道德境界的一种道德实践活动，以及在这一实践活动中所形成的道德情操和达到的道德境界。

2. 职业道德修养

职业道德修养，就是从业人员在道德意识和道德行为方面的自我锻炼及自我改造中所形成的职业道德品质以及达到的职业道德境界。

职业道德修养是一种自律行为，关键在于"自我锻炼"和"自我改造"。任何一个从业人员职业道德素质的提高，一方面靠他律，即社会的培养和组织的教

育；另一方面取决于自己的主观努力，即自我修养。两个方面是缺一不可的，而且后者更加重要。

3．职业道德修养的特点

职业道德修养的实质，是个人自觉接受职业道德教育，提高职业道德评价和职业道德选择能力，消除消极道德的影响，自觉按照社会主义职业道德的要求指导自己的思想行为。这一实质，规定了它与职业道德教育、职业道德训练相区别的特点，这种特点主要表现为：

① 与职业道德教育、职业道德训练主体和对象彼此分离的特点相区别。职业道德修养的主体和对象是统一的，从业者个体即是这种主体和对象的统一体，职业道德修养的重点就在于个人职业道德理想、职业道德品质、职业道德行为等方面的自觉修养。

② 与职业道德教育、职业道德训练从外部进行教育、训练，带着灌输性、强制性特点不同，职业道德修养是从业者自觉主动的道德活动，是一种自我教育、自我陶冶、自我改造、自我锻炼的过程，具有主动自觉的特点。

③ 作为职业活动中的一种综合性、最深层次的活动，职业道德修养是一个认识和实践相统一的过程，具有特别强调社会实践的特点。这一特点有助于从业者在职业道德教育和训练的指导下，自觉改造、主动锻炼、反复认识、反复实践、不断追求、不断完善，形成较稳固的职业道德情操和职业道德概念，达到较高的职业道德境界。

二、加强职业道德修养的必要性

在如何对待职业道德修养问题上，不少人存在一些模糊的、错误的认识。如有的人认为，职业道德问题纯属小事，"小节无大碍"，平时工作中只要不违法乱纪、不出大错就行，无须在职业道德修养问题上下工夫；有的人认为当务之急是学习科技、业务知识，提高技术水平、业务能力，创造经济效益，无暇顾及道德修养问题；也有的人认为社会不良风气难以扭转，如果讲道德就吃亏，不如放弃道德修养，以毒攻毒。这些认识，对于社会风气的根本好转，对于劳动者的自我改造、自我教育极为不利，已经成为阻碍社会主义事业发展的绊脚石，必须彻底清除。因此，充分认识职业道德修养的必要性，不仅是培养职业道德的首要环节，也是扫除一切思想障碍、努力提高从业者职业道德修养自觉性、促进社会主义事业全面健康发展的迫切需要。

（1）进行职业道德修养，是从业者自我实现、自我完善的需要

职业道德教育、职业道德训练只是形成从业者道德品质、完成他们自我实现的外在因素，个人自己的职业道德修养才是他们职业道德品质形成和提高的内在因素。外因是变化的条件，内因是变化的根据，外因必须通过内因才起作用。职业道德修养既是将外在的职业道德要求转化为从业者内在的深刻信念，并进而将这种内在信念转化为实际的道德行为的必由之路，也是联结职业道德自我评价和个人对职业道德理想的追求，使之成为完善个人道德品质的积极的、能动的力量源泉。因此，职业道德修养，是广大从业者自我实现、自我完善、全面发展的客观尺度和必经之路。

（2）进行职业道德修养，是改革开放新形势下培养造就合格的社会主义建设者和接班人，保证我们现代化事业的社会主义方向的实际需要

良好的社会风气是国泰民安的重要条件，这种风气的形成，除了靠政治的法律的手段以外，还要有健康的社会心理和良好的职业道德。整个社会职业道德水平的高低，又取决于从业者能否加强职业道德修养及其所达到的道德境界、道德品质的高低。我国长达两千多年的封建社会产生并保留下来的各种旧的道德观念和习惯的残余，至今还影响着人们；十年动乱所造成的严重的道德和社会风气的创伤至今尚未完全愈合；近年来，随着改革开放步伐的加快，国外资产阶级腐朽道德观念和生活方式不可避免地渗透进来，侵蚀着人们的思想。这些事实，要求从业者必须切实加强职业道德修养，清除自己身上存在的与社会主义职业道德要求相违背的道德内容和行为习惯，自觉抵制一切腐朽落后的道德观念的侵蚀。只有这样，才能把自己造就成合格的社会主义建设者和接班人，从而保证我们所从事的改革和建设事业永远不偏离社会主义方向。

三、提高职业道德修养的途径和方法

马克思主义伦理学认为，道德修养之所以能够培养和提高人们的道德品质，

就在于它不是单纯的内心体验，更重要的是它使人们在改造客观世界的斗争中改造自己的主观世界。进行社会主义职业道德修养必须接受这一基本理论的指导，克服一切旧道德修养方法中脱离社会实践，片面强调个人"修身""养性"的唯心主义和形而上学的致命弱点，切实把职业道德修养建立在职业道德实践的基础上。因此，社会主义职业道德修养的途径与方法，既不是要求从业者整天进行闭门思过式的自我检讨，也不要人们大搞坐而论道式的夸夸其谈，而是要求从业者在自己的职业工作实践中自觉加强自身的职业道德修养，把这种修养作为自身思想建设的主要内容，以积极参与社会道德建设为己任，少议论，多行动，从自己做起，从现在做起，共同营造人人讲道德的强烈氛围，共同形成社会主义道德建设的强大合力，推动社会主义精神文明建设不断向新的高度发展。

（1）提高职业道德认识，是职业道德修养的前提条件

理论是行动的向导，缺乏理论指导的行动必然是盲目的。职业道德修养是一种理智的、自觉的活动，它不仅需要科学的世界观做指导，也需要科学文化知识和职业道德理论做基础。因此，认真学习马克思主义、科学文化知识和职业道德基本理论，努力提高职业道德认识，是提升社会主义职业道德修养的重要前提和必经途径。

马克思主义是无产阶级科学世界观和方法论的理论体系，是人们改造世界的强大思想武器。马克思主义哲学关于一切从实际出发、实事求是、矛盾分析法、归纳与演绎、分析与综合等思维原则和思维方法的科学阐述，更为我们建设、发展和不断完善社会主义职业道德提供了根本的思想路线和思维方法。

科学文化知识是关于自然、社会和思维发展规律的概括和总结，它对于从业者优秀职业道德品质和高尚职业道德风貌的形成有着不容忽视的作用。学习科学文化知识，有助于我们提高职业道德选择和评价能力，提高职业道德修养的自觉性；有助于我们形成科学的职业道德观、人生观和价值观，从而全面地、科学地、深刻地认识社会，正确处理社会主义职业道德关系。

（2）坚持理论联系实践，做到知行统一，是职业道德修养的根本途径

任何道德理论和道德认识，根本而言都来源于一定的道德实践，并只能在

道德实践中得到检验和发展，而它存在的唯一目的，也就是在一定的社会活动中加以实践和应用。离开实践，道德的理论、认识乃至整个道德本身就成了无本之木、无源之水，也必然毫无存在价值。正因为道德本身就是知与行的统一，决定了从业者进行职业道德修养的根本途径，是坚持理论联系实践，做到知行统一。

从业者坚持理论联系实际的修养方法，首先，必须积极实践、勇于实践和反复实践，在实践中学习掌握职业道德理论和知识，并认真加以体会、消化，形成正确的职业道德理论和知识，转化为高尚的社会主义职业道德品质。其次，必须切实提高在职业实践中加强职业道德修养的自觉性，积极地在改造客观世界的实践活动中努力改造自己的主观世界。通过无产阶级的道德观同非无产阶级的腐朽落后的道德观的斗争，锻炼自己的社会主义道德和职业道德品质，自觉进行自我改造、自我提高。再次，坚持把职业实践作为检验自己职业道德修养的唯一标准，自觉地通过职业实践、社会实践来检查发现自己职业道德认识中的错误、职业道德品质上的不足，从而自觉主动地克服和改正一切不道德的思想和行为。最后，充分认识职业道德知与行相统一的特点，认真贯彻职业道德修养理论和实践相结合、言行一致原则，身体力行，努力把社会主义职业道德的原则和规范运用到自己的职业实践活动中去，以自己正确的职业道德认识指导自己的生活、思想和工作，真正做到知行统一。

从业者坚持理论联系实际，做到知行统一的职业道德修养方法，还应充分理解"活到老，学到老，改造到老"的生活真谛，在自己的职业实践中坚持不懈地、长期地进行自我锻炼和改造。这是因为，职业道德水平的提高和职业道德的完善，绝对不是一朝一夕完成的，而是一个由道德到道德实践的不断反复和长期曲折的过程，一个不断认识和不断实践的过程。从业者只要也只有正确地认识自我，不断地在实践中进行刻苦、认真的锻炼和改造，就一定能提升自身的职业道德修养。

（3）发挥榜样的激励作用，向先进模范人物学习

十四届六中全会《决议》指出："社会主义现代化建设中涌现出来的先进集体和先进人物，是实践社会主义精神文明的榜样。"榜样的力量是无穷的，学习先进模范人物的高尚品德和崇高精神使之在全社会发扬光大，成为激励和鼓舞广

大群众前进的精神力量，是社会主义精神文明建设的重要内容，也是从业人员加强职业道德修养、提高自身职业道德水平的必由之路。

学习先进模范人物还要密切联系自己职业活动和职业道德的实际，注重实效，自觉抵制拜金主义、享乐主义、极端个人主义等腐朽思想的侵蚀，大力弘扬新时期的创业精神，提高职业道德水平，立志在自身岗位上多做贡献。

（4）提倡"慎独""积善成德""防微杜渐"

"慎独"一词出自我国古籍《礼记·大学》和《礼记·中庸》。《礼记·中庸》："道也者，不可须臾离也，可离非道也。事故君子戒慎乎其所不睹，恐惧乎其所不闻。莫见乎隐，莫显乎微。故君子慎其独也。"意思是说，道德原则是一时一刻也不能离开的，时时刻刻检查自己的行动，一个有道德的人在独自一人无人监督时，也是小心谨慎地不做任何不道德的事。我们现在依然提倡慎独，是重在自律，即在道德上自我约束。慎独既是加强职业道德修养的行之有效的重要方法和途径，也是一种崇高的思想道德境界。

在提倡慎独的同时，提倡积善成德。就是精心保持自己的善行，精心地培养自己心中开始出现的共产主义道德观念和品质的幼芽，使其不断积累和壮大。我国战国时哲学家荀况曾说："积土成山，风雨兴焉；积水成渊，蛟龙生焉；积善成德，而神明自得，圣心备焉。故不积跬步，无以至千里；不积小流，无以成江海。"高尚的道德人格和道德品质，不是一夜之间能够养成的，它需要一个长期的积善过程。只有不弃小善，才能积成大善；只有能积众善，才能有高尚的品德。平时不检点，不积善，只幻想有朝一日碰上一个紧要关头挺身而出，一个早上成为英雄人物是根本不可能的。

在积善的同时，还要防微杜渐。在职业道德修养领域中，善恶之别泾渭分明。善虽小，仍然不失其为善；恶虽小，也终究是恶。所以从业人员对自己任何不符合职业道德的言行，都务必注意克服，将其消灭在萌芽状态。三国时代的刘备在他的遗嘱里叮嘱儿子："勿以恶小而为之，勿以善小而不为。"指的就是这种防微杜渐的修养方法。在错误中，人们最易疏于防范的便是"小恶"。小恶虽小，但任其发展，就会泛滥成灾，此所谓"千里之堤，溃于蚁穴"。

【小故事】

　　汉武帝刘彻在位时，司马迁在朝中任太史令，具体负责编写《史记》。当时，许多达官贵人都想讨好司马迁，期望通过他的笔给自己在历史上留下好名声，于是纷纷给他送来了奇珍异宝。

　　有一天，朝中最得宠的大将军李广利派人给他送来一件礼物，司马迁的女儿妹娟打开送来的精致盒子，发现盒子里放着的是一对世间罕见的珍宝——玉璧。

　　司马迁发现妹娟对宝物有不舍之意，于是语重心长地说："白璧最可贵的地方是没有斑痕和污点，所以人们才说，白玉无瑕。我是一个平庸而卑微的小官，从来不敢以白璧自居，如果我收下了这珍贵的白璧，我身上的污点就增加了一分，白璧不能要，叫人送回去。"

　　司马迁所著的《史记》被称为"史家之绝唱"，在我国历史上占有重要的地位。《史记》的价值就在于真实地记录了历史，司马迁何以能据实写史？原因之一就是他自身清白，珍惜自己的名誉，行得端做得正。倘若司马迁见了别人的东西就喜爱，不珍惜自己的名誉，必定使他难以秉笔直书，《史记》也绝不会有今天这样的价值。

第二节　职业道德修养的目标、任务和内容

一、职业道德修养的目标

　　职业道德修养的目标反映从业者自我教育、自我改造的要求和追求，预示职业道德修养的方向和结果。职业道德修养的任务受其目标决定和支配，从业者认真完成这些任务是修养目标的基础。明确职业道德修养的目标和任务，是职业道德修养的首要问题，有利于保证职业道德修养的正确方向，有利于从业者科学地选择和确定职业道德修养的内容、方法和途径，确保他们顺利地自我实现、自我完善，以免误入歧途。

职业道德修养的根本目标，在于从业者自觉养成高尚的职业道德品质，进而提高整个社会的道德水平。为此，从业者必须把努力培养高尚的职业道德品质，努力提高自身职业道德境界作为根本任务，踏踏实实地抓紧抓好。

职业道德修养目标和任务的确定，受一定的社会经济、科技和文化等发展水平和从业者自身条件的支配，必须服从和服务于社会发展和从业者个体职业道德充分发展的需要。因而，职业道德修养的目标和任务，随着时代的不同而发生变化。

我国目前处于社会主义初级阶段，从业者职业道德修养的总目标是努力把自己培养成符合社会主义事业建设和发展需要的有理想、有道德、有文化、有纪律的建设者和接班人。

【案例】

2002年9月某日，因工作需要我到了某购物广场，当时时间还早，我决定先看看卖场的情况，因为早晨刚开业不久，生鲜熟食区的生意特别红火，买菜的顾客来来往往，好不热闹。集中在一起的计量处忙得不亦乐乎，但工作中的计量员似乎还没有睡醒，有的计量员边工作边打哈欠，有的计量员的脸仿佛结了冰似的，正等待着夏季的炎炎烈日来融化他们，但我似乎又感觉到，"冰冻三尺非一日之寒"确实有道理。

随着顾客流我在商场内转动，正好看见立柱旁一位营业员趴在计量秤上写字，显示屏上的计算器数码跳个不停，好像在痛苦地求救。我走过去拍拍她的肩膀说："小姐，你不能趴在电子秤上写字，这样会把它弄坏的！"营业员抬头看了我一眼，回答说："那些数字肯定会动了。"然后继续趴在上面写，我又拍了拍她的肩膀说："小姐，你这样会将电子秤弄坏的，如果你要写可以在旁边的桌子上写呀！"营业员抬起头，看了我几秒钟，然后将纸笔收起，干脆不写了。电子秤的痛苦暂时解除了，但明天、后天呢？

分析：

爱护公物应该是每个人从小到大都在接受的一种教育，但我们的员工似乎不太重视这一点。从本案例来讲，有三种情况值得探讨。

（1）员工的基本素质问题，再加上缺乏这方面的培训，认为计量秤上比较平滑，好写字，就是不考虑能否趴在上面写字，如果长期这样做会有什么样的后果。

（2）是明知故犯，损坏公物以泄私愤。如果是这种情况一定要严肃处理，达到以儆效尤的目的。

（3）是图方便不考虑后果。这种情况要求各级管理人员培养员工良好的工作习惯，将公司的利益与自己的工作紧密联系起来，同时，公司也应该建立健全资产管理制度，将非正常的资产折旧成本记入管理人员的考核范畴。

二、职业道德修养的任务

为实现职业道德修养的目标，从业者的根本任务就在于：逐步养成社会主义职业道德品质，发扬大公无私、先公后私的精神，克服自私自利的思想影响，在职业活动中贯彻全心全意为人民服务的职业道德原则和规范，达到社会主义的职业道德境界。这一任务的具体内容表现为：

① 认真学习、实践和体验社会主义道德原则、规范，逐步形成较为稳定、鲜明的社会主义道德观念，丰富社会主义职业道德情感，培养社会主义职业道德行为和习惯，按照社会主义职业道德原则和规范的要求调节自己的行为，提高自己的社会主义职业道德水平。

② 自觉摒弃和清除旧的腐朽落后的职业道德观念，自觉抵制资本主义思想和资产阶级生活方式的侵蚀，坚持从社会和集体的整体利益出发，发扬社会主义主人翁精神，充分发挥自己的主动性和创造性，不断进行自我完善。

③ 逐步养成良好的社会主义职业道德品质，以自己的实际行动和不懈努力，为形成强大的社会主义职业道德舆论和职业道德风尚做出贡献，促进社会主义精神文明和物质文明建设。

④ 坚定全心全意为人民服务的观念，牢固树立崇高的共产主义职业道德理想，不断追求，不断进步，努力达到崇高的共产主义职业道德境界。

三、职业道德修养的内容

社会主义职业道德修养主要是指劳动者在职业道德意识、职业道德行为和职业道德品质方面的自我教育、自我修养，具体而言，其内容主要包括职业道德认识的修养、职业道德情感的修养、职业道德意志的修养和职业道德行为的修养。社会主义劳动者通过上述四个方面的修养，把社会主义的职业道德原则、规范自

觉转化为自身的职业道德行为习惯，形成社会主义职业道德品质，达到社会主义职业道德境界。

1. 职业道德认识的修养

职业道德认识的修养，主要是指从业者正确认识社会主义职业道德关系，充分认识社会主义职业道德价值，认真学习、深刻领会并准确掌握社会主义职业道德理论、原则和规范等基本知识，逐步形成社会主义职业道德观念，努力提高社会主义职业道德自我评价能力和职业道德行为选择能力。

职业道德认识的养成是职业道德情感产生的依据，是进行职业道德意志锻炼的内在动力，是决定职业道德行为倾向的思想基础。事实证明，在职业活动中，有些人之所以做出违反职业道德的不良行为，甚至走上违法犯罪的道路，其重要原因之一就是缺乏社会主义职业道德的基本常识，不知道什么是符合职业道德的行为，什么是不道德的职业行为，或者认识模糊，分不清是非界限，缺乏最起码的职业道德选择能力。

在职业道德认识修养过程中，只有认真学习、深刻理解社会主义职业道德理论、原则和规范，并把这些理论、原则和规范自觉转化为明确的坚定的职业道德观念，才能正确认识社会主义社会人与人之间的职业道德关系，在职业道德行为选择中自觉接受社会主义职业道德理论、原则和规范的指导，进而形成社会主义的职业道德品质。

职业道德观念的形成，是一个由浅入深、由简单到复杂、由感性上升到理性的发展过程。加强道德认识修养，提高道德认识水平，首先要从对社会主义职业道德理论、原则和规范的基本知识的学习入手，切实掌握明辨好坏、善恶、美丑的理论武器；同时，切实重视加深对社会主义职业道德原则和规范的认识理解，把理论学习与职业道德实践紧密结合起来，在具体的职业道德活动中实践职业道德理论、原则和规范，并以此促进职业道德认识水平的提高，促进职业道德评价、选择能力的提高，确保自己在实际的职业生活中分清好坏、美丑、善恶。

最后，需要强调的是，在学习和实践社会主义职业道德理论、原则和规范，提高社会主义职业道德认识的过程中，必须认真学习马克思主义、毛泽东思想、邓小平理论和"三个代表"重要思想，自觉接受这些理论对自己实践的指导。这是我们提高职业道德认识水平，提升职业道德认识修养的最重要的保证。

2. 职业道德情感的修养

职业道德情感是从业者在职业活动中，依据一定的职业道德观念，在处理职业道德关系、评价职业道德行为时所产生和确立起来的内心情绪体验。它伴随着人们的职业道德认识而产生发展，是道德认识的具体表现，如人们通常对高尚的职业道德行为产生敬仰和喜爱的情绪，对违反职业道德的行为产生愤怒和憎恶之情。职业道德情感的修养包括正义感、责任感、良心感、荣誉感的自我激发和培养。

（1）正义感

职业正义感，是一种基本的高尚的职业道德情感。它要求人们以公正、平等的态度来处理人与人之间的职业道德关系，维护国家、集体和人民群众的合法权益，维护社会主义的法纪。从业者激发、培养、丰富、发展自己的正义感，就能坚持公正，反对偏私，敢于坚持原则，同一切危害国家、集体和他人利益的言行作斗争，能够仗义执言、见义勇为、嫉恶如仇、刚正不阿。从业者在职业道德实践中应当勇于同一切不公正的社会现象做不懈的斗争，自觉抵制各种不正之风，维护自己和职业服务对象的正当权益，自觉地激发培养这种高尚的职业道德情感。

（2）责任感

职业责任感，是从业者在职业道德活动中形成的对于他人或对于社会应负什么责任、应尽什么义务的一种内心体验和道德情感。它既是职业道德行为的出发点，也是激励人们实现某种职业道德目标的动力。责任感是职业责任心和职业义务感的统一，具体表现为一定的职业义务感。同时，责任、义务同权利也是一致的，当从业者认为某种职业行为合乎职业道德权利时（包括对于社会上某些不道德职业行为的批评指责），实际上也就是他认为这样做是自己应承担的责任或应尽的义务。自觉培养社会主义职业道德责任感或义务感，充分认识自己的职业道德责任和义务，是社会主义职业劳动者做好本职工作的前提。因

为只有具备了这种职业道德责任感、义务感，从业者才能在职业活动中努力工作、恪尽职守。

（3）良心感

职业良心是职业道德内心信念的具体体现，和社会舆论共同起着维护职业道德风尚的重要作用。职业良心感是从业者对自己的职业道德行为、对自己同他人和社会的职业道德关系所负责任的自觉意识和相应的自我评价能力，是一种对自己职业行为是非、善恶的内心体验。职业道德良心感是责任感或义务感的发展，并与职业道德行为的选择和职业道德实践紧密相连，从业者受到良心的鼓励，就会积极地从事合乎职业道德的实践、产生道德的职业行为；从业者受到良心的谴责，就可能对已经做出的一些不合乎职业道德的职业行为认真悔改、严肃反思。尤其是在各种利益矛盾尖锐的情况下，职业道德良心感能促使从业者正确选择职业道德行为，纠正不良动机，自觉遵守职业道德规范。特别是在无人监督或别人无法干预、社会舆论难以发挥作用的场合，职业道德良心感的自我监督、自我评价作用就显得更为重要。

（4）荣誉感

职业荣誉感，是从业者自觉承担职业道德责任、履行职业道德义务后，对社会因此而给予的肯定评价和褒奖赞扬所感到的由衷喜悦和自豪。荣誉感产生的直接原因就在于社会对从业者个人或集体的肯定评价或褒奖选择，而这种肯定评价、褒奖选择的获得，必须以从业者在职业实践中主动承担职业道德职责、自觉履行职业道德义务、所做出的职业行为对他人或社会有益为前提和出发点，因此，荣誉感的获得是从业者履行职业道德义务的结果。从业者提升职业道德荣誉感修养，一是要防止把获取荣誉作为个人欲望和目的，注意克服沽名钓誉的虚荣心，坚持以兢兢业业、勤勤恳恳的踏实肯干来争取荣誉。二是要将个人荣誉和集体荣誉紧密结合起来，将集体荣誉置于个人荣誉之上，以集体的荣誉为荣，并注意依靠集体的支持来获得荣誉。

职业道德情感的修养是社会主义职业劳动者加强职业道德修养的重要内容。加强职业道德情感的修养，对于协调社会主义职业道德关系，创造良好的职业道德氛围，促使从业者自觉遵守社会主义职业道德规范，履行职业道德义务，养成高尚的社会主义职业道德品质，具有十分重要的意义。

3．职业道德意志的修养

职业道德意志，是从业者在履行职业道德责任义务过程中，所表现出来的克服困难和障碍的力量和毅力。它是职业道德行为持之以恒的重要精神力量，也是道德观内化并形成良好道德品质的重要因素。它一方面表现在从业者的道德意识活动中，职业道德动机经常能够战胜非道德动机；另一方面，这种力量和毅力体现在它能使从业者排除内外障碍，坚决执行由职业道德动机所引起的行为。

是否具备坚强的职业道德意志是衡量从业者职业道德素质高低的重要条件。社会主义职业劳动者在履行职业责任时必然会遇到各种困难和阻碍，没有坚强的意志，就会在这些困难和阻碍面前畏缩不前；同时，履行职业道德义务的过程本身就包含个人利益的牺牲及对他人、对社会的奉献，如果没有坚强的意志，必然会导致职业道德行为的半途而废。

从业者加强职业道德意志的修养，应自觉地、勇敢地接受各种困难和阻碍的锻炼和考验，学会在职业道德行为实践中磨炼自己，自觉培养为他人和社会奉献的精神，锻炼自己克服困难、排除障碍的坚强意志和能力。尤其是在激烈的利益冲突面前，要果断地、义无反顾地做出正确的职业道德选择，努力实现自己职业行为的道德价值。

社会主义职业劳动者要充分认识职业道德意志的锻炼和培养是职业道德认识和情感转变为职业道德行为的重要环节，认识职业道德意志修养在形成优秀职业道德素质中的重要作用。要切实加强职业道德意志的修养，努力养成高尚的社会主义职业道德品质，自觉克服和抵制社会主义市场经济条件下加快发展、深化改革、扩大开放过程中各种腐朽思想、不良风气的侵蚀，保持高风亮节。

4．职业道德行为的修养

职业道德行为，是指从业者在一定的职业道德认识、情感、意志支配下所采取的自觉行为。它是衡量从业者职业道德水平高低、职业道德品质好坏的客观标准。衡量一个从业者是否具备高尚的职业道德品质，关键就是看他是否能自觉地把职业道德原则和规范贯彻落实到自己职业道德实践中去，是否能做到知行统一、言行一致。

加强职业道德行为修养的基本途径，就是从业者自觉地把自己的道德认识和

道德情感转化为坚强的道德意志，并在这种意志的支配下，始终如一地实践职业道德行为，保持高度的自觉性，逐步形成良好的职业道德习惯。

职业道德行为的修养，还必须与职业技能的培养紧密结合。只有具备了良好的职业技能，从业者正确的职业道德认识、高尚的职业道德情感、坚强的职业道德意志才能有用武之地，才能转化为具体的职业道德行为，并使这种行为得到充分展现，取得良好效果，达到理想目标。如果仅仅具有履行职业道德责任、义务，执行职业道德原则、规范的良好愿望，而缺乏必要的职业技能去实现这一愿望，职业道德的履行就成了一句空话。不难想象，一个医生如果没有精湛的医术，无论他有多么远大的职业理想，都不可能担负起救死扶伤的重任，而注定要成为受人谴责的误人性命的庸医；一个教育工作者，如果没有丰富的专业文化知识，没有一定的教育工作经验和技能，对基本的教育规律一窍不通，即使他有强烈的教书育人的良好愿望，也不可能担负起教书育人的重任，而只能误人子弟。

职业道德行为的养成，必须依靠从业者自觉自愿的、踏踏实实的努力，离不开职业技能的培养与提高。从业者应把职业道德行为的修养作为自己加强职业道德修养最重要的最基本的内容，切实抓紧抓好，丝毫放松不得。

从业者加强职业道德修养，应充分认识上述四个方面主要内容相互联系、相互制约的关系，把它们有机地结合起来。只有这样，才能养成良好的社会主义职业道德品质，达到高尚的职业道德境界。